茶录导读

李远华　叶国盛　编著

中国轻工业出版社

图书在版编目（CIP）数据

茶录导读 / 李远华，叶国盛编著. —北京：中国轻工业出版社，2020.6

ISBN 978-7-5184-2946-2

Ⅰ. ①茶… Ⅱ. ①李… ②叶… Ⅲ. ①茶文化－中国－古代 ②《茶录》－注释 ③《茶录》－翻译 Ⅳ. ①TS971.21

中国版本图书馆 CIP数据核字（2020）第050257号

责任编辑：贾　磊　　责任终审：张乃柬　　封面设计：锋尚设计
版式设计：锋尚设计　　责任校对：晋　洁　　责任监印：张　可

出版发行：中国轻工业出版社（北京东长安街6号，邮编：100740）
印　　刷：北京富诚彩色印刷有限公司
经　　销：各地新华书店
版　　次：2020年6月第1版第1次印刷
开　　本：880×1230　1/32　印张：5
字　　数：100千字
书　　号：ISBN 978-7-5184-2946-2　定价：58.00元
邮购电话：010-65241695
发行电话：010-85119835　传真：85113293
网　　址：http://www.chlip.com.cn
Email：club@chlip.com.cn
如发现图书残缺请与我社邮购联系调换
171351W2X101ZBW

前言

蔡襄于1012年出生在今福建省莆田市仙游县枫亭镇东宅村，后迁居莆田蔡宅村。北宋庆历七年至八年（1047—1048年），蔡襄漕闽，任福建路转运使，在福建省南平市建瓯市创小龙团，并创作了《茶录》。建瓯古为建州，其“北苑御焙”遗址是第六批全国重点文物保护单位。从五代至明代，历时400多年，北苑茶是皇家贡品。

《茶录》共一千余字，短小精悍，成书于宋代皇祐年间（1049—1053年），宋代治平元年（1064年）刻石。《茶录》分为《论茶》《论茶器》二篇。《论茶》分色、香、味、藏茶、炙茶、碾茶、罗茶、候汤、熁盏、点茶十条；《论茶器》分茶焙、茶笼、砧椎、茶钤、茶碾、茶罗、茶盏、茶匙、汤瓶九条。据《茶录》自序，蔡襄写该书的动机是有感于北苑茶虽“草木之微”“若处之得地，则能尽其材”“昔陆羽《茶经》不第建茶之品，丁谓《茶图》独论采造之本，至于烹试曾未有闻”。《茶录》是现存宋代最早的、完整的茶叶论著，对宋代茶叶的发展具有重要影响，成为继陆羽《茶经》之后最著名的茶学历史专著之一。

本书由武夷学院茶与食品学院茶学专业教师叶国盛和我共同编写，得到了中国轻工业出版社有限公司贾磊主任的支持。在编写过程中，我们还得到了仙游县蔡襄茶文化研究院的支持，福建金溪茶业有限公司黄世忠、黄世统两兄弟及蔡襄茶文化研究院副院长蔡起镇、莆田市农业农村局郑仲阳、仙游县农业农村局王新鹏、建瓯市农业农村局周理飞、南雅镇农技站裴朝鉴、建瓯市交通综合行政执法大队黄嘉雯、仙游县文联原主席连铁杞、仙游理智茶业有限公司李建雄也提供了支持与帮助。武夷学院茶与食品学院学生王瑾瑜、容小清、罗予晴、钟雨晴参与了部分资料考察与整理工作，在此一并表示谢意！

对于本书中存在的错漏之处，敬请读者批评指正，以便再版时修改完善。

李远华

于武夷山

2020 年 3 月

目录

蔡襄（1012—1067年），字君谟，兴化仙游（今福建莆田市仙游县）人。宋仁宗天圣八年（1030年）举进士，累官龙图阁直学士、翰林学士、三司使、端明殿学士，工书法，为『宋四大家』之一。后人辑其著作有《蔡忠惠集》。他不仅是政治家、文学家、书法家，而且也是茶学家。他为官清正，以民为本，注意发展当地经济，为福建茶业及茶文化的发展做出了重要贡献。他在福建转运使任上仅两年时间，但这短短两年却使他以开明革新的姿态进入了中华茶史，而奠定他茶史地位的《茶录》是继《茶经》后又一部重要的茶叶专著。

第一章 蔡襄其人

蔡忠惠

▲
蔡襄像

第一节 蔡襄生平

关于蔡襄一生，除了正史所载之外，研究者众，可参考资料较多。以下从德才兼备的政治家、心手相应的书法家、通达博学的农艺家角度，介绍他的人生成就与思想。

一、德才兼备的政治家

蔡襄是北宋名臣，与范仲淹、欧阳修等一起倡导“庆历新政”，兴利除弊，修明政治。在他的《国论要目》《论兵十事》和相关奏章、杂论、诗文和书信中，提出了许多切实可行的改革方案，阐述了他的政治思想，展现了他杰出的政治才干。在任福州、泉州等地方官时，兴儒学，正风俗，恤穷民，除恶吏，修水利，筑桥梁，轻徭役，薄赋敛，深得当地人民的爱戴。

《宋史·蔡襄传》载：时有旱蝗、日食、地震之变，襄以为：“灾害之来，皆由人事。数年以来，天戒屡至。原其所以致之，由君臣上下皆阙失也。不颛听断，不揽威权，使号令不信于人，恩泽不及于下，此陛下之失也。持天下之柄，司生民之命，无嘉谋异画以矫时弊，不尽忠竭节以副任使，此大臣之失也。朝有敝政而不能正，民有疾苦而不能去，陛下宽仁少断而不能规，大臣循默避事而不能斥，此臣等之罪也。陛下既有引过之言，达于天地神祇矣，愿思其实以应之。”疏出，闻者皆悚然。可见蔡襄为官尽职尽责，精于吏事，敢于直谏，处理政务，明快果决。因不为奸邪所容，屡被排挤外任。

《三山志》：“闽俗左医右巫，疾家依巫索祟，而医过门才二三，故医之传益少。”针对福建当地轻医崇巫的陋习，蔡襄下令禁止巫医，颁布宫廷御方六千余帖，并创办医学堂，向百姓普及医药知识。又下令破除民间迷信，取缔巫觋，撰写《太平圣惠方后序》，刊刻于碑，劝患者就医治疗。嘉祐二年（1057年）作《福州五戒文》，戒令福州市民移风易俗，去除厚丧、奢侈、贪财等风习，“今欲为福，孰若减刻剥之心以宽贫民，去欺谩之行以畏神理。为子孙之计则亦久远，居乡党之间则为良善。”

蔡襄还主持建造了泉州洛阳桥，该桥是中国第一座跨海梁式石桥。造桥时首创的“筏型基础”“浮梁架运”“养蛎固基”代表了当时中国最先进的造桥技术，“洛阳桥南有路

▲
洛阳桥

▲
洛阳桥前蔡襄石像

通，洛阳桥下水流东。渠侬得似粘桥蛎，个个相依房不空”（刘家谋《泉州竹枝词》）唱的就是这样的造桥方法。

二、心手相应的书法家

蔡襄以书法名世，擅正楷、行书和草书，与苏轼、黄庭坚、米芾并称宋代四大书法家。“襄工于手书，为当世第一，仁宗尤爱之”（《宋史·蔡襄传》）。苏东坡在《东坡题跋》中指出：“独蔡君谟天资既高，积学深至，心手相应，变态无穷，遂为本朝第一。然行书最胜，小楷次之，草书又次之……又尝出意作飞白，自言有翔龙舞凤之势，识者不以为过。”他还善于鉴别书法，“君谟善书能别书，宣献家藏天下无。宣献既殁二子立，漆匣甲乙收盈厨。钟王真迹尚可睹，欧褚遗墨非因模。开元大历名流夥，一一手泽存有余”（梅尧臣《同蔡君谟江邻几观宋中道书画》）。

同时代的大家盛赞蔡襄的书法艺术。欧阳修说：“自苏子美死后，遂觉笔法中绝。近年君漠独步当世，然谦让不肯主盟”（《欧阳文忠公集》）。黄庭坚也说：“苏子美、蔡君漠皆翰墨之豪杰”（《山谷文集》）。朱长文《续书断》：“蔡襄书颇自惜重，不轻为书，与人尺牍，人皆藏以为宝。仁宗深爱其迹……及学士撰《温成皇后碑》文，敕书之，君谟辞不肯书，曰：‘此待诏职也。儒者之工书，所以自游息焉而已，岂若一技夫役役哉？’”由于他颇自惜，更不妄为人书，传世作品较少。同时，当时书坛的风气已完全转向了诗文尺牍，而书碑则被看作是一技夫役役之事，为士大夫所不屑

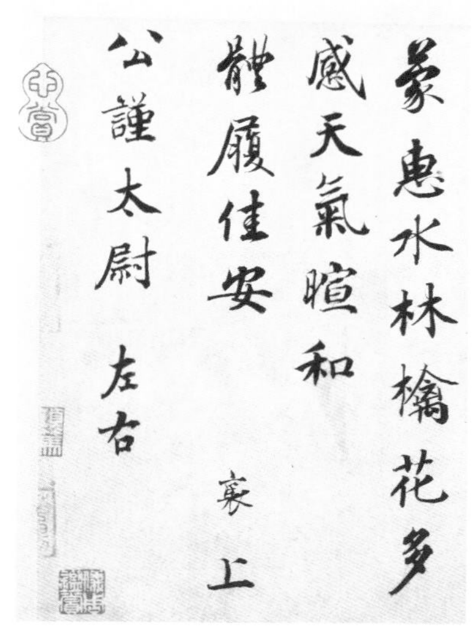

《蒙惠帖》

为，甚至连帝王的敕命也已不能左右之。这与唐代以前的情况有着根本的不同。蔡襄传世墨迹有《自书诗卷》《谢赐御书诗》《陶生帖》《郊燔帖》《蒙惠帖》等多种，碑刻有《万安桥记》《昼锦堂记》及鼓山灵源洞楷书“忘归石”“国师岩”等珍品。总体上看，他的书法还是恪守晋唐法度，“端明书法继钟王，佩玉琼琚在庙堂”（解缙《题蔡君谟真迹》），创新的意识略逊一筹。但他却是宋代书法发展上不可或缺的关键人物。他以其自身完备的书法成就，为晋唐法度与宋人的意趣之间搭建了一座技巧的桥梁。

三、通达博学的农艺家

蔡襄在福建任职期间，对闽产茶叶和荔枝深入进行研究，积累了许多科学资料和丰富经验，先后撰写了《茶录》与《荔枝谱》两部科技专著。蔡襄对这二者的研究均有成就。

（一）监造贡茶，著《茶录》

宋仁宗庆历年间，即1047年夏秋间，蔡襄担任福建转运使，监制北苑贡茶。他首先在北苑茶品质花色上创新，将过去八饼一斤的大团茶，改为二十饼一斤的小团茶。同时，小团茶的原料采用鲜嫩茶芽，茶饼表面印有龙凤纹样，小巧玲珑，名曰小龙团，茶叶品质极精。欧阳修《归田录》记述：其品绝精，谓之小团，凡二十八饼重一斤，其价直金二两。然金可有，而茶不可得。每因南郊致斋，中书、枢密院各赐一饼，四人分之。宫人往往镂金花其上，盖贵重如此。

正如苏轼诗曰：“君不见斗茶公子不忍斗小团，上有双衔绶带双飞鸾。”其制作之精良可见一斑。宋皇祐三年（1051年）前后，蔡襄撰写《茶录》一书，以论茶和茶器，是唐代陆羽《茶经》之后茶学方面的又一力作，对福建茶叶的生产与开发研究，做出了重大贡献。

▲
大龙

▲
大凤

（二）重视地方经济，撰《荔枝谱》

莆田种植荔枝历史悠久，有"荔城"之称。据蔡襄考察研究，福建荔枝产于福州、兴化、泉州、漳州四地，以"兴化郡"最优。在他诗中常赞扬家乡的荔枝，如《净众院尝荔枝》："霞树珠林署后新，直疑天意别留春。京华百卉争鲜贵，谁识芳根著海滨？"对其中的宋公荔枝更有品评，"今虽老矣，实益滋繁，味益甘滑，真佳树也"（蔡襄《谢宋评事荔支（并序）》）。郭祥正《君仪惠莆田陈紫荔乾即蔡君谟谓之老杨妃者》："红绡皮皱核丁香，日曝风凝玉露浆。不向海边为逐客，长安无此荔枝尝。"蔡襄主张既要重视农业，也要重视经济作物生产。因此，他于宋嘉祐四年（1059年）撰写《荔枝谱》，以促进家乡名产荔枝的生产与传播，他说："夫以一木之实，生于海濒岩险之远，而能名彻上京，外被重译，重于当世，是亦有足贵者。其于果品卓然第一，然性畏高寒，不堪移殖，而又道里辽绝，曾不得班于卢橘、江橙之右，少发光采，此所以为之叹惜而不可不述也。"

《荔枝谱》是我国现存最早的一部果树栽培学论著。英国李约瑟《中国古代科技史》誉之为世界第一部果树分类学著作。全书分"原本始""标尤异""志贾鬻""明服食""慎护养""时法制""别种类"七篇。主要介绍了荔枝的简要历史与主要产地，概览了福州、兴化、泉州、漳州四地荔枝的品名种类、产区、生长特性以及栽培、鉴定、品评、加工、贮藏、病虫害防治、食用功效等。例如，记载了荔枝加工法：

红盐之法，民间以盐、梅卤浸佛桑花为红浆，投荔枝渍之，暴干，色红，味甘酸，可三四年不虫。修贡与商人皆便之，然绝无正味。白晒者，正尔烈日干之，以核坚为止。畜之瓮中密封百日，谓之出汗。去汗耐久，不然逾岁坏矣。福州旧贡红盐、蜜煎二种。庆历初，太官问岁进之状，知州事沈邈以道"远不可致，减红盐之数而增白晒"者，兼令漳、泉二郡亦均贡焉。蜜煎：剥生荔枝，笮去其浆，然后蜜煮之。予前知福州，用晒及半干者为煎，色黄白而味美可爱，其费荔枝减常岁十之六七。然修贡者皆取于民，后之主吏利其多取以责赂，晒煎之法不行矣。

"荔子固多种，色香俱不同。新来尝小绿，又胜擘轻红"（戴复古《赵敬贤送荔枝》），书中又记载了荔枝品种：陈紫、江家绿、方家红、游家紫、小陈紫、宋公荔枝、法石白、圆丁香、玳瑁红荔枝、蜜荔枝、十八娘荔枝、钗头、火山等三十二品的介绍。《四库全书总目》评曰："荔枝之有谱自襄始，其叙述特详洁有笔力。"王士朋《诗史堂荔枝歌》："君谟亦作闽中谱，陈紫声名重南土。"皆赞其对当时荔枝发展的贡献。

第二节 蔡襄茶学论著

蔡襄于1047年夏秋间开始担任福建转运使，赴建州监制北苑贡茶，于茶研究有所心得。结合经验与研究，他有茶书、茶诗文、茶书法传世。

一、茶书《茶录》

因为“陆羽《茶经》不第建安之品，丁谓《茶图》独论采造之本，至于烹试，曾未有闻”，故蔡襄在皇祐三年（1051年）撰写《茶录》，并修订于治平元年（1064年），分为《论茶》《论茶器》两篇。《论茶》分为色、香、味、藏茶、炙茶、碾茶、罗茶、候汤、熁盏、点茶十条；《论茶器》分为茶焙、茶笼、砧椎、茶钤、茶碾、茶罗、茶盏、茶匙、汤瓶九条。《茶录》是现存宋代最早的、完整的茶叶论著，对宋代茶叶的发展具有重要影响。

二、茶诗《北苑十咏》及其他

蔡襄诗文“清遒粹美，奥壮浑古，深厚简练”。《四库全书总目提要》曰：“襄于仁宗朝危言谠论，持正不挠，一时号为名臣。不但以书法名世，其诗文亦光明磊落，如其为人。”蔡襄关于北苑茶的诗歌，著名者有《北苑十咏》。

《北苑十咏》作于庆历七年（1047年）任福建路转运使

期间。组诗写了北苑路上的景色，居官署之中，却超凡脱俗。全诗如下：

出东门向北苑路

晓行东城隅，光华著诸物。溪涨浪花生，山晴鸟声出。

稍稍见人烟，川原正苍郁。

北苑

苍山走千里，斗落分两臂。灵泉出地清，嘉卉得天味。

入门脱世氛，官曹真傲吏。

茶垄

造化曾无私，亦有意所加。夜雨作春力，朝云护日华。

千万碧玉枝，戢戢抽灵芽。

采茶

春衫逐红旗，散入青林下。阴崖喜先至，新苗渐盈把。

竞携筠龙归，更带山云写。

造茶

屑玉寸阴间，抟金新范里。规呈月正圆，势动龙初起。

焙出香色全，争夸火候是。

试茶

兔毫紫瓯新，蟹眼青泉煮。雪冻作成花，云闲未垂缕。

愿尔池中波，去作人间雨。

御井

山好水亦珍，清切甘如醴。朱干待方空，玉壁见深底。

勿为先渴忧，严扃有时启。

龙塘

泉水循除明，中坻龙矫首。振足化仙陂，回睛窥画牖。

应当岁时旱，嘘吸云雷走。

凤池

灵禽不世下，刻像成羽翼。但类醴泉饮，岂复高梧息。

似有飞鸣心，六合定何适。

修贡亭

清晨挂朝衣，盥手署新茗。腾虬守金钥，疾骑穿云岭。

修贡贵谨严，作诗谕远永。

茶垄，即茶园，茶芽茂盛，“千万碧玉枝，戢戢抽灵芽”。苏轼《种茶》有“难忘流转苦，戢戢出鸟咮”句。采茶更是一片欣喜，类范仲淹笔下的“家家嬉笑穿云去”。造茶出新，“是年改造新茶十斤，尤极精好，被旨号为上品龙茶，仍岁贡之。”较之龙凤茶，龙凤茶八片为一斤，上品龙茶每斤二十八片。造罢，试新茶，煮水，用兔毫紫盏点茶，“雪冻作成花，云闲未垂缕”。诗歌又描写了御井甘美的泉水、北苑附近的龙塘、凤凰山的玉泉、龙山的御茶亭，以“修贡贵谨严，作诗谕远永”结句，道出此组诗之真意。

蔡襄与时人常有茶诗相酬，蔡襄《和杜相公谢寄茶》：“破春龙焙走新茶，尽是西溪近社芽。才拆缄封思退傅，为留甘旨减藏家。鲜明香色凝云液，清彻神情敌露华。却笑虚名陆鸿渐，曾无贤相作诗夸。”梅尧臣《依韵和杜相公谢蔡君谟寄茶》：“天子岁尝龙焙茶，茶官催摘雨前牙。团香已入中都府，斗品争传太傅家。小石冷泉留早味，紫泥新品泛春华。吴中内史才多少，从此莼羹不足夸。”文人以茶寄情，在诗中抒发对建茶的喜爱之情，争相夸赞，是一时之尤物。

三、茶书法

蔡襄书法学习王羲之、颜真卿、柳公权。前人在评论蔡襄书法时，都认为它“形似晋唐”，如元倪云林曾跋云：“蔡公书法有六朝、唐人风，粹然如琢玉。”明代徐青藤曾评价蔡襄书云：“蔡襄书近二王，其短者略俗耳。劲净而匀，乃其所长。”点出了蔡襄书法的优劣长短。蔡襄虽不是一个崭新风格型的大师，但他却是宋代书法发展上不可缺的关纽人物。他以其自身完备的书法艺术，为晋唐法度与宋人的意趣之间搭建了一座桥梁，承前启后，为后世所瞩目。

蔡襄数件书帖与茶相关，记录了他与友人的交往。还自书《茶录》，其拓本是《茶录》最重要的版本。

（一）《暑热帖》

《暑热帖》现藏于台北故宫博物院，释文：襄启：暑热，不及通谒，所苦想已平复。日夕风日酷烦，无处可避，人生缰锁如此，可叹可叹！精茶数片，不一一。襄上，公谨左右。牯犀作子一副，可直几何？欲托一观，卖者要百五十千。

（二）《思咏帖》

《思咏帖》现藏于台北故宫博物院。释文：襄得足下

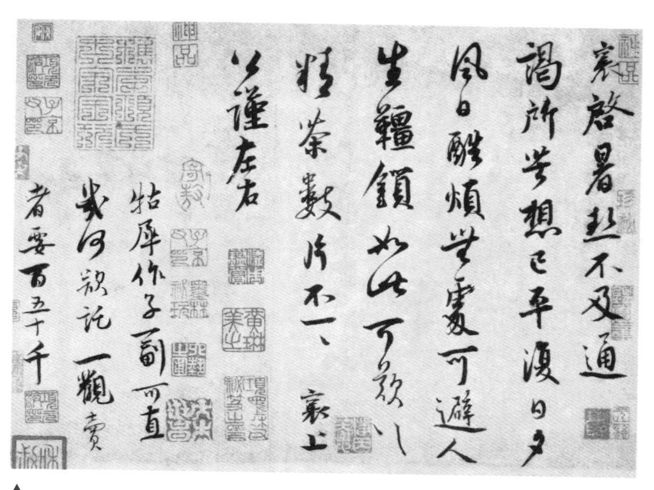

▲
《暑热帖》

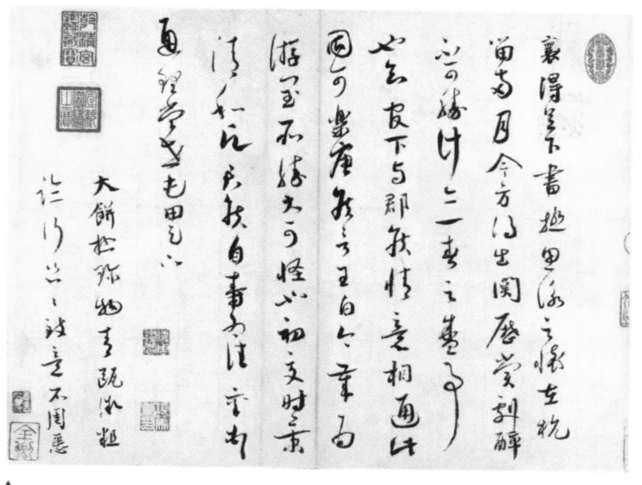

▲
《思咏帖》

书，极思咏之怀。在杭留两月，今方得出关，历赏剧醉，不可胜计，亦一春之盛事也。知官下与郡侯情意相通，此固可乐。唐侯言：王白今岁为游闰所胜，大可怪也。初夏时景清和，愿君侯自寿为佳。襄顿首。通理当世屯田足下。大饼极珍物，青瓯微粗，临行匆匆致意，不周悉。

（三）《自书诗卷》

《自书诗卷》现藏于北京故宫博物院。卷尾有宋代、元代、明代、清代及近代共13家题跋。鉴藏印记："贾似道印""悦生""贾似道图书子子孙孙永保之""武岳王图书""管延枝引""梁清标印""焦林"及清嘉庆内府诸印。其中，与茶相关的诗是《即惠山泉煮茶》，诗云："此泉何以珍，适与真茶遇。在物两称绝，于予独得趣。鲜香箸下云，甘滑杯中露。尝能变俗骨，岂特湔尘虑。昼静清风生，飘萧入庭树。中含古人意，来者庶冥悟。"

（四）《茶录》自书拓本

蔡襄《茶录》有自书本传于世。在《后序》中，他说："臣谓论茶虽禁中语，无事于密，造《茶录》二篇上进。后知福州，为掌书记窃去藏稿，不复能记。知怀安县樊纪购得之，遂以刊勒行于好事者，然多舛谬。臣追念先帝顾遇之恩，揽本流涕，辄加正定，书之于石，以永其传。"治平元年（1064年），蔡襄自书拓本著录于《宣和书谱》。

治平四年（1067年）八月，蔡襄病卒于莆田家中。淳熙三年（1176年），其曾孙蔡洸为蔡襄向朝廷奏请谥号，宋孝宗赐谥"忠惠"。蔡襄一生为人正直，严己宽人，与人为善，忠于职守，光明磊落，清正廉洁。著名理学家朱熹赞其云："前无贬词，后无异议，芳名不朽，万古受知。"

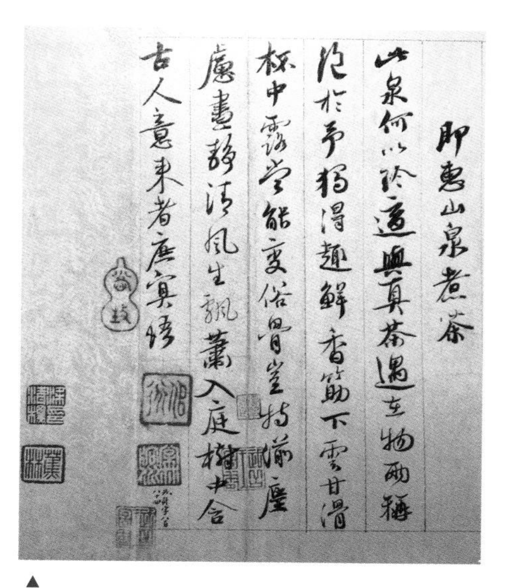

▲
《自书诗卷》（局部）

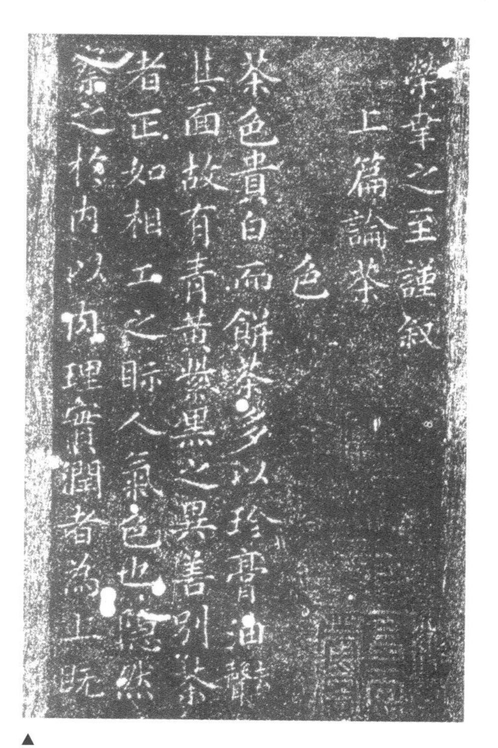

▲
蔡襄《茶录》自书拓本（石刻）

第二章 《茶录》其书

唐代陆羽《茶经》开茶书写作之风，宋代茶书以建茶为写作中心，认为『建茶皆乔木，吴、蜀、淮南唯丛茇而已，品自居下』（沈括《梦溪笔谈》），属专门性，论述较精，以《东溪试茶录》《北苑别录》《茶录》《大观茶论》《品茶要录》等为代表。

第一节 宋代茶书概述

一、《荈茗录》

《荈茗录》，陶谷撰。陶谷，字秀实，邠州新平（今陕西彬州市）人。约成书于宋代开宝三年（970年）。原载于陶谷《清异录》，明代喻政除去第一条“苏廙《十六汤品》”后，改题曰《荈茗录》，作为专书收入《茶书全集》。全书分为十八条，内容为茶的故事，即龙坡山子茶、圣杨花、汤社、缕金耐重儿、乳妖、清人树、玉蝉膏、森伯、水豹囊、不夜侯、鸡苏佛、冷面草、晚甘侯、生成盏、茶百戏、漏影春、甘草癖、苦口师。其中“晚甘侯”指建茶，文曰：“晚甘侯十五人遣侍斋阁。此徒皆请雷而摘，拜水而和。盖建阳丹山碧水之乡，月涧云龛之侣，慎勿贱用之！”

二、《东溪试茶录》

《东溪试茶录》，宋子安撰。约成书于宋代治平元年（1064年）。有宋代左圭《百川学海》本、明代胡文焕《格致丛书》本、喻政《茶书全集》本、《四库全书》本等多种版本。作者因丁谓、蔡襄等记载建安茶事，尚有未尽，故撰此书。全书首为绪论，次分总叙焙名、北苑、壑源、佛岭、沙溪、茶名、采茶、茶病八目。叙述诸焙沿革及所隶茶园的位置与特点，十分详尽。所论茶叶品质与产地自然条件的关系，指出“茶宜高山之阴，而喜日阳之早”等，也颇有见地。

三、《品茶要录》

《品茶要录》，黄儒撰。约成书于宋代嘉祐二年（1057年）。有明代程百二刊本、《说郛》本、喻政《茶书全集》本、《五朝小说》本、《古今图书集成》本、《夷门广牍》本等。全书前后有自序、后论一篇，说“予因收阅之暇，为原采造之得失，较试之低昂”，分采造过时、白合盗叶、入杂、蒸不熟、过熟、焦釜、压黄、渍膏、伤焙、辨壑源与沙溪十目。主要辨别建茶品质优劣与采制、烹试中“入杂”等弊病的关系。

四、《大观茶论》

《大观茶论》，原名《茶论》，赵佶撰。赵佶，北宋皇帝，精于书画、茶道。《茶论》约成书于宋代大观元年（1107年）。自《说郛》刻本始改今名，另有《古今图书集成》刊本。首为绪言，次分地产、天时、采摘、蒸压、制造、鉴别、白茶、罗碾、盏、筅、瓶、杓、水、点、味、香、色、藏焙、品名、外焙二十目。对于当时蒸青饼茶的产地、采制、烹试、品质等均有详细论述。其中论及采摘之精、制作之工、品第之胜、烹煮之妙颇为精辟，《点茶》一篇尤为精彩，是反映北宋以来制茶技术与茶文化高度繁荣、发展的一个侧面。

五、《宣和北苑贡茶录》

《宣和北苑贡茶录》又称《宣和贡茶经》，熊蕃撰。熊蕃据亲所闻见，于宋代宣和三年至七年（1121—1125年）撰成此书。其子熊克于宋高宗绍兴二十八年（1158年）摄事北苑，遂加注并补入贡茶图制三十八幅，附以蕃撰《御苑采茶歌》十首。全书初刊于宋孝宗淳熙九年（1182年），后清代汪继壕为此书所作按语也附入其中。清代顾修《读画斋丛书》本和南京图书馆汪氏旧藏抄本，内容最为详尽。此书详述建茶沿革和贡茶种类，并附图和说明大小尺寸，可见当时贡茶品种与形制。

六、《北苑别录》

《北苑别录》，赵汝砺撰。成书于宋代淳熙十三年（1186年）。有元末陶宗仪《说郛》本、明代喻政《茶书全集》本、《五朝小说》本、《古今图书集成》本及顾修《读画斋丛书》本等刊本。此书为赵氏任福建转运司主管帐司时，为补熊蕃《宣和北苑贡茶录》而作。书首有总序，次分御园、开焙、采茶、拣茶、蒸茶、榨茶、研茶、造茶、过黄、纲次、开畬、外焙十二目，综记福建建安御茶园址四十六焙沿革和茶园管理，贡茶的采制、种类、数量、装饰、价格以及包装、

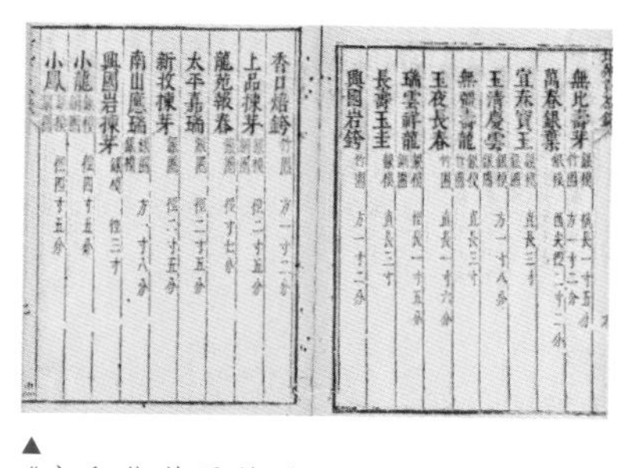
無比壽芽
萬春銀葉
宜年寶玉
玉清慶雲
無疆壽龍
玉葉長春
瑞雲翔龍
長壽玉圭
興國岩銙
香口焙銙
上品揀芽
龍苑報春
太平嘉瑞
新收揀芽
南山應瑞
興國岩揀芽
小龍
小鳳

▲《宣和北苑贡茶录》

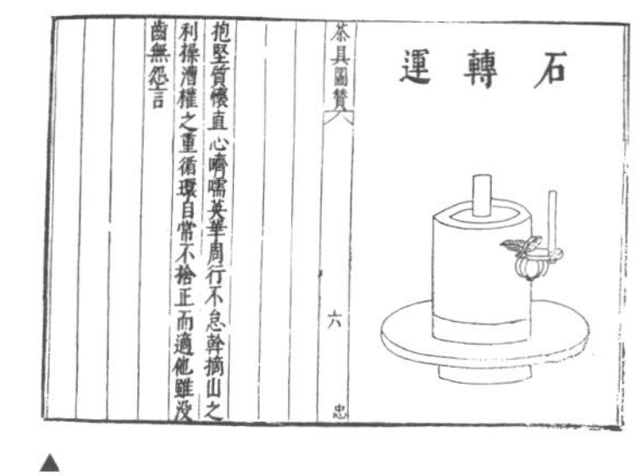

▲《茶具图赞》

运输过程等。于贡茶纲次记载甚为翔实，分细色共五纲，粗色共七纲，并述其工艺之别。

七、《茶具图赞》

《茶具图赞》，审安老人撰。成书于宋代咸淳五年（1269年），有明代沈津《欣赏编全本》本、汪士贤《山居杂志》本、孙大绶刊本、喻政《茶书全集》本等刊本。该书集绘宋代著名茶具十二件，每件各有赞语，并假以职官名氏，计有韦鸿胪（茶笼）、木待制（木椎）、金法曹（茶碾）、石转运（茶磨）、胡员外（茶杓）、罗枢密（茶罗）、宗从事（茶帚）、漆雕秘阁（茶托）、陶宝文（茶盏）、汤提点（汤瓶）、竺副帅（茶筅）和司职方（茶巾）。此书可见古代茶具形制，其中铁碾槽、石磨、罗筛等为宋时制造团茶专用，明朝已无这些器具。该书有芝园主人茅一相序、朱存理后序，另有明正德六年（1511年）沈杰总序。

此外宋代茶书还有叶清臣《述煮茶小品》、沈括《本朝茶法》、唐庚《斗茶记》等。

第二节 《茶录》版本与体例

一、《茶录》版本

关于蔡襄《茶录》版本，方健《中国茶书全集校证》有翔实的考证与整理，简述如下。

（一）自书本、拓本或宋代题跋本

（1）治平元年（1064年）自书墨本。其拓本《宣和书谱》卷六著录，今藏于中国国家博物馆。

（2）治平元年正定本。

（3）李光题跋本。

（4）兴化军（今福建莆田）蔡氏法帖五卷合刻本。

（5）石本。

（6）南宋东园方氏藏本。

（7）绢本《茶录》。

（8）伪真迹本。

朝奉郎右正言同修起居注臣蔡襄上進

臣前因奏事伏蒙

陛下諭臣先任福建轉運使日所進上品龍

茶最為精好臣退念艸木之微首辱

陛下知鑒若處之得地則能盡其材昔陸羽

茶經不第建安之品丁謂茶圖獨論採造之

本至於烹試曾未有聞臣輒條數事簡而易

明勒成二篇名曰茶錄伏惟

清閒之宴或賜觀采臣不勝惶懼榮幸之至

▲《茶录》版本：蔡襄《茶录》拓本

（二）收入《文集》及《全宋文》本

（1）宋刻本《莆阳居士蔡公文集》三十六卷。

（2）明万历刻本《宋端明殿学士蔡忠惠公文集》四十卷。

（3）明万历裔孙蔡善继双瓮斋刻本《宋蔡忠惠公文集》。

（4）清雍正裔孙蔡仕舢逊敏斋刻本《宋端明殿学士蔡忠惠公文集》三十六卷。

（5）四库全书本《端明集》四十卷。

（6）吴以宁点校《蔡襄集》四十卷。

（7）《蔡襄全集》。

茶錄上篇

朝奉郎右正言同修起居注蔡襄述

論茶

色

茶色貴白而餅茶多以珍膏油去其面故有青黄紫黑之異善别茶者正如相工之視人氣色也隱然察之於內以肉理潤者為上黄白者受水昏重青白者受水鮮明故建安人鬭試以青白勝黄白

香

▲
《茶录》版本：清初藏书家钱曾述古堂抄本

（三）丛书本

（1）《百川学海》本，以1927年陶氏景刊咸淳本为佳。

（2）格致丛书本。

（3）《说郛》本。

（4）明喻政《茶书全集》甲、乙种两本。

（5）胡文焕编《百名家书》本。

（6）《五朝小说》及《五朝小说大观》本。

（7）《四库全书》本。

（8）《丛书集成》本。

（9）《古今图书集成》本。

（10）布目潮沨编《中国茶书全集》本。

（11）清初藏书家钱曾述古堂抄本。

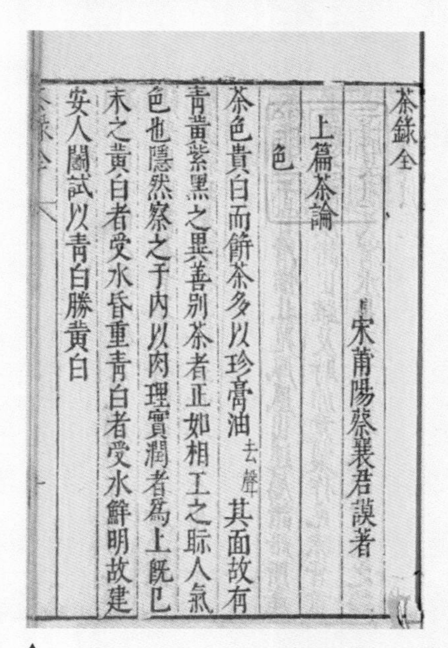
茶録全

宋莆陽蔡襄君謨著

上篇茶論

色

茶色貴白而餅茶多以珍膏油去聲其面故有青黄紫黒之異善别茶者正如相工之眎人氣色也隱然察之于内以肉理實潤者爲上既已末之黄白者受水昏重青白者受水鮮明故建安人鬬試以青白勝黄白

▲《茶录》版本：喻政《茶书全集》本

二、《茶录》体例

《茶录》共一千余字，短小精悍，成书于宋皇祐年间（1049—1053年），宋治平元年（1064年）刻石，共两卷，附前后自序。因“陆羽《茶经》不第建安之品，丁谓《茶图》独论采造之本，至于烹试，曾未有闻”，故该书专论烹试之法。其体例是，上篇论茶，分色、香、味、藏茶、炙茶、碾茶、罗茶、候汤、熁盏、点茶十目，主要论述茶汤品质与烹饮方法；下篇论茶器，分茶焙、茶笼、砧椎、茶钤、茶碾、茶罗、茶盏、茶匙、汤瓶九目，谈烹茶所用器具。据此，可见宋时团茶饮用状况和习俗。较之陆羽《茶经》的一之源、二之具、三之造、四之器、五之煮、六之饮、七之事、八之出、九之略、十之图。《茶录》只论二目，然亦精深。论茶，除了色、香、味、品质外，还涉及贮藏、点茶之流程；论茶器，则论其功用及选取原则，简洁明了。

陆羽《茶经》开茶书写作之范例，蔡襄《茶录》也影响后世的茶书写作。赵佶《大观茶论》书写名冠天下的龙团凤饼，分十篇，其中有色香味、茶器的篇目，之间的内容与体例受到《茶录》的启发。另有明代张谦德《茶经》分上篇《论茶》中篇《论烹》，下篇《论器》，亦循《茶录》之体例。

第三节 《茶录》题跋

宋代欧阳修、陈东、李光、杨时、刘克庄以及元代的倪瓒均为《茶录》撰题跋。从题跋内容可窥看《茶录》写作的时代背景、由来等。全文录于此。

一、欧阳修《龙茶录后序》

茶为物之至精，而小团又其精者，录叙所谓上品龙茶者是也。盖自君谟始造而岁贡焉。仁宗尤所珍惜，虽辅相之臣未尝辄赐。惟南郊大礼致斋之夕，中书、枢密院各四人共赐一饼，宫人剪金为龙凤花草贴其上。两府八家分割以归，不敢碾试，但家藏以为宝，时有佳客，出而传玩尔。至嘉祐七年，亲享明堂，斋夕，始人赐一饼。余亦忝预，至今藏之。余自以谏官供奉仗内，至登二府，二十余年，才一获赐。而丹成龙驾，舐鼎莫及，每一捧玩，清血交零而已。因君谟著录，辄附于后，庶知小团自君谟始，而可贵如此。治平甲辰七月丁丑，庐陵欧阳修书还公期书室。

二、欧阳修《跋〈茶录〉》

善为书者，以真楷为难，而真楷又以小字为难。羲、献以来，遗迹见于今者多矣，小楷惟《乐毅论》一篇而已，今世俗所传出故高绅学士家最为真本，而断裂之余，仅存百余字尔。此外吾家率更所书《温彦博墓铭》亦为绝笔，率更书，世固不少，而小字亦止此而已，以此见前人于小楷难工，而传于世者少而难得也。

君谟小字新出而传者二，《集古录目序》横逸飘发，而《茶录》劲实端严，为体虽殊，而各极其妙。盖学之至者，意之所到，必造其精。予非知书者，以接君谟之论久，故亦粗识其一二焉。治平甲辰。

三、陈东《跋蔡君谟〈茶录〉》

余闻之先生长者，君谟初为闽漕时，出意造密云小团为贡物，富郑公闻之，叹曰："此仆妾爱其主之事耳，不意君谟亦复为此!"余时为儿，闻此语，亦知感慕。及见《茶录》石本，惜君谟不移此笔书《旅獒》一篇以进。

四、李光《跋蔡君谟〈茶录〉》

蔡公自本朝第一等人，非独字画也。然玩意草木，开贡献之门，使远民被患，议者不能无遗恨于斯。

五、杨时《跋》

端明蔡公《茶录》一篇，欧阳文忠公所题也。二公齐名一时，皆足以垂世传后。端明又以翰墨擅天下，片言寸简，落笔人争藏之，以为宝玩。况盈轴之多而兼有二公之手泽乎？览之弥日不能释手，用书于其后。政和丙申夏四月延平杨时书。

六、刘克庄《题跋》

余所见《茶录》凡数本，暮年乃得见绢本，见非自喜作此，亦如右军之于禊帖，屡书不一书乎？公吏事尤高，发奸摘伏如神，而掌书吏辄窃公藏稿，不加罪亦不穷治，意此吏有萧翼之癖，与其他作奸犯科者不同耶？可发千古一笑。淳祐壬子十月望日，后村刘克庄书，时年六十有二。

七、倪瓒《题跋》

蔡公书法真有六朝唐人风，粹然如琢玉。米老虽追踪晋人绝轨，其气象怒张，如子路未见夫子时，难与比伦也。辛亥三月九日，倪瓒题。

第三章
《茶录》译注

第一节 《茶录》校注

校注说明

本次《茶录》整理，以1927年陶氏景刊宋咸淳《百川学海》本为底本，校以明喻政《茶书全集》乙本、文渊阁《四库全书》本等，不出校勘记。

自序

朝奉郎[①]、右正言、同修起居注臣蔡襄上进：

臣前因奏事，伏蒙陛下谕，臣先任福建转运使[②]日所进上品龙茶，最为精好。臣退念草木之微，首辱陛下知鉴，若处之得地，则能尽其材。昔陆羽《茶经》，不第建安之品[③]；丁谓《茶图》[④]，独论采造之本，至于烹试，曾未有闻。臣辄条数事，简而易明，勒成二篇，名曰《茶录》。伏惟清闲之宴，或赐观采，臣不胜惶惧荣幸之至。谨序。

【注释】

①朝奉郎：官名，北宋正六品以上文散官。右正言：北宋太宗端拱元年（988年），改左、右拾遗为左、右正言，八品。庆历四年（1044年），蔡襄以右正言直史馆出知福州。修起居注：官名，宋初，置起居院，以三馆、秘阁校理以上官充任，负责记录皇帝言行。

②转运使：转运使为唐代开元时设置，原掌管江淮米粮钱帛的转运，以供京师及军民的需要。宋代转运使又称漕司，实际掌管的事不限于转运米粮钱帛等经济事务，也兼有行政、民政、监察等职权，已演变成一种高级地方行政长官。

③不第建安之品：第，品第、评定。陆羽《茶经》：“**其思、播、费、夷、鄂、袁、吉、福、建、韶、象十一州，未详，往往得之，其味极佳。**”对建州之茶“未详”。

④丁谓《茶图》：丁谓（966—1037年），字谓之，后改字公言，苏州长洲(今属江苏)人。淳化进士，与孙何齐名，时称“孙、丁”。历峡路转运使、刑部员外郎、枢密直学士等。喜为诗，通晓图画、博弈、音律。《郡斋读书志》载丁谓曾作《建安茶录》，“**图绘器具，及叙采制入贡方式**”，疑是此书。

上篇　论茶

色

茶色贵白[①]。而饼茶多以珍膏[②]油去声其面，故有青黄紫黑之异。善别茶者，正如相工之视人气色也，隐然察之于内。以肉理实润者为上。既已末之，黄白者受水昏重，青白者受水鲜明，故建安人斗试，以青白胜黄白。

香

茶有真香。而入贡者微以龙脑[③]和膏，欲助其香。建安民间试茶皆不入香，恐夺其真。若烹点之际，又杂珍果香草[④]，其夺益甚，正当不用。

味

茶味主于甘滑[⑤]。惟北苑凤凰山连属诸焙所产者味佳。隔溪诸山，虽及时加意制作，色味皆重，莫能及也[⑥]。又有水泉不甘，能损茶味[⑦]。前世之论水品者以此。

【注释】

①茶色贵白：赵佶《大观茶论》："点茶之色，以纯白为上真，青白为次，灰白次之，黄白又次之。天时得于上，人力尽于下，茶必纯白。"

②珍膏：古代制茶辅料。宋朝制作团饼茶时在茶体外涂抹膏液，以增进美观和延缓陈化。张扩《清香》："北苑珍膏玉不如，清香入体世间无。若将龙麝污天质，终恐薰莸臭味殊。"

③龙脑：龙脑树树脂的白色结晶体，是一种名贵的中药材。

④珍果香草：钱椿年《茶谱》："茶有真香，有佳味，有正色。烹点之际不宜以珍果香草杂之。夺其香者，松子、柑橙、杏仁、莲心、木香、梅花、茉莉、蔷薇、木樨之类是也。夺其味者，牛乳、番桃、荔枝、圆眼、水梨、枇杷之类是也。凡饮佳茶，去果方觉清绝，杂之则无辨矣。"

⑤甘滑：香甜柔滑。赵佶《大观茶论》："夫茶以味为上，甘香重滑，为味之全，惟北苑、壑源之品兼之。"

⑥莫能及也：赵佶《大观茶论》："盖浅焙之茶，去壑源为未远，制之能工，则色亦莹白，击拂有度，则体亦立汤，惟甘重香滑之味，稍远于正焙耳。"

⑦又有水泉不甘，能损茶味：陆羽《茶经》："其水，用山水上，江水中，井水下。"张大复《梅花草堂笔谈》："茶性必发于水，八分之茶遇水十分，茶亦十分矣。八分之水试茶，十分茶只八分耳。贫人不易致茶，尤难得水。"

藏茶

茶宜箬叶[1]而畏香药，喜温燥而忌湿冷。故收藏之家，以箬叶封裹入焙中，两三日一次，用火常如人体温温，则御湿润。若火多，则茶焦不可食。

炙茶

茶或经年，则香色味皆陈。于净器中以沸汤渍之，刮去膏油，一两重乃止，以钤箝之，微火炙干，然后碎碾。若当年新茶，则不用此说。

碾茶

碾茶先以净纸密裹，捶碎，然后熟碾。其大要，旋碾则色白，或经宿则色已昏矣。

罗茶

罗细则茶浮，粗则水浮。

候汤[2]

候汤最难。未熟则沫浮，过熟则茶沉，前世谓之蟹眼[3]者，过熟汤也。沉瓶中煮之不可辨，故曰候汤最难。

熁盏[4]

凡欲点茶，先须熁盏令热，冷则茶不浮。

点茶

茶少汤多，则云脚[5]散；汤少茶多，则粥面聚。建人谓之云脚、粥面。钞茶一钱匕[6]，先注汤调令极匀，又添注入，环回击拂。汤上盏可四分则止。视其面色鲜白，着盏无水痕为绝佳。建安斗试，以水痕先者为负，耐久者为胜。故较胜负之说，曰相去一水[7]、两水。

【注释】

①箬叶：底本作“蒻叶”，疑为“箬叶”，箬竹的叶子。古人以箬叶藏茶，冯可宾《岕茶笺》：“新净磁坛周回用干箬叶密砌，将茶渐渐装进摇实，不可用手指。上覆干箬数层，又以火炙干炭铺坛口扎固。又以火炼候冷新方砖压坛口上。”

②候汤：陆羽《茶经》：“其沸，如鱼目，微有声，为一沸。缘边如涌泉连珠，为二沸。腾波鼓浪，为三沸。已上水老，不可食也。”无论煎茶或是点茶，煮水火候掌握要得当。汤嫩或过老，皆影响茶汤。煮水时随时观察，这个过程即是候汤。

③蟹眼：螃蟹的眼睛。比喻水初沸时泛起的小气泡。苏轼《试院煎茶》：“蟹眼已过鱼眼生，飕飕欲作松风鸣。”庞元英《谈薮》：“俗以汤之未滚者为盲汤，初滚者曰蟹眼，渐大者曰鱼眼，其未滚者无眼，所语盲也。”

④熁（xié）盏：熁，烤。为保持茶汤的温度而事先将茶碗预热。赵佶《大观茶论》：“盏惟热，则茶发立耐久。”

⑤云脚：点茶后在盏壁处出现的浮沫。梅尧臣《李仲求寄建溪洪井茶七品云愈少愈佳未知尝何如耳因条而答之》：“五品散云脚，四品浮粟花。三品若琼乳，二品罕所加。绝品不可议，甘香焉等差。”

⑥一钱匕：合今 2 克多。

⑦一水：苏轼《行香子·茶词》：“斗赢一水。功敌千钟。觉凉生、两腋清风。”

下篇　论茶器

茶焙[1]

茶焙编竹为之，裹以箬叶，盖其上，以收火也。隔其中，以有容也。纳火其下，去茶尺许，常温温然[2]，所以养[3]茶色香味也。

茶笼

茶不入焙者，宜密封裹，以箬笼盛之，置高处，不近湿气。

砧椎[4]

砧椎盖以砧茶。砧以木为之，椎或金或铁，取于便用[5]。

茶钤[6]

茶钤屈金铁为之，用以炙茶。

茶碾

茶碾以银或铁为之。黄金性柔，铜及鍮石[7]皆能生鉎音星，不入用。

茶罗

茶罗以绝细为佳。罗底用蜀东川鹅溪画绢[8]之密者，投汤中揉洗以幂[9]之。

【注释】

①茶焙：犹陆羽《茶经》中的育，“育，以木制之，以竹编之，以纸糊之。中有隔，上有覆，下有床，旁有门，掩一扇，中置一器，贮煻煨火，令煴煴然。江南梅雨时，焚之以火。”

②温温然：犹煴煴然，火势微弱的样子。

③养：陆羽《茶经》：“育者，以其藏养为名。”

④砧椎（zhēn chuí）：砧，捣碎饼茶时垫在底下的木板。椎，捶打饼茶时用的棍棒。

⑤便用：用以金银，虽云美丽，然贫贱之士，未必能具也。

⑥茶钤（qián）：烤茶时用以夹茶的钳子。陆羽《茶经》为“夹”，“以小青竹为之，长一尺二寸。令一寸有节，节以上剖之，以炙茶也。彼竹之筱，津润于火，假其香洁以益茶味。恐非林谷间莫之致。或用精铁、熟铜之类，取其久也。”

⑦瑜（yú）石：一种类似玉的石头。生鉎（shēng）：生锈。

⑧蜀东川鹅溪画绢：《嘉庆一统志》：“鹅溪，在盐亭县西北八十里。《明统志》：‘其地产绢。’宋文同诗：‘待将一匹鹅溪绢，写取寒梢万丈长。’”黄庭坚《奉谢刘景文送团茶》：“鹅溪水练落春雪，粟面一杯增目力。”

⑨羃：覆盖。

茶盏

茶色白，宜黑盏，建安所造者绀[①]黑，纹如兔毫[②]，其坯微厚，熁之久热难冷，最为要用[③]。出他处者，或薄或色紫，皆不及也。其青白盏，斗试家自不用。

茶匙[④]

茶匙要重，击拂有力。黄金为上[⑤]，人间以银、铁为之。竹者轻，建茶不取。

汤瓶[⑥]

瓶要[⑦]小者易候汤，又点茶注汤有准。黄金为上，人间以银、铁或瓷石为之[⑧]。

【注释】

①绀（gàn）：天青色，深青透红。赵佶《大观茶论》：“盏色贵青黑，玉毫条达者为上，取其焕发茶采色也。”

②兔毫：盏上纹路如兔毫。赵佶《宫词》：“螺钿珠玑宝盒装，琉璃瓮里建芽香。兔毫连盏烹云液，能解红颜入醉乡。”

③熁之久热难冷，最为要用：赵佶《大观茶论》：“盏惟热，则茶发立耐久。”

④茶匙：击拂茶汤之用。

⑤黄金为上：毛滂《谢人分寄密云大小团》：“旧闻作匙用黄金，击拂要须金有力。家贫点茶秖匕箸，可是斗茶还斗墨。”

⑥汤瓶：注汤之瓶，苏轼《试院煎茶》：“银瓶泻汤夸第二。”依靠汤瓶大小节制点茶水流。至赵佶《大观茶论》，利用嘴口节制水流：“瓶宜金银，小大之制，惟所裁给。注汤利害，独瓶之口嘴而已。嘴之口欲大而宛直，则注汤力紧而不散。”

⑦要：古同“腰”。

⑧人间以银、铁或瓷石为之：苏廙《汤品》：“贵欠金银，贱恶铜铁，则瓷瓶有足取焉。幽士逸夫，品色尤宜，岂不为瓶中之压一乎？然勿与夸珍炫豪臭公子道。”以蔡襄为视角，固然金银显示权贵身份，与陆羽、苏廙选择相远。

后序

臣皇祐中修起居注，奏事仁宗皇帝，屡承天问以建安贡茶并所以试茶之状。臣谓论茶虽禁中[①]语，无事于密，造《茶录》二篇上进。后知福州，为掌书记[②]窃去藏稿，不复能记。知怀安县樊纪购得之，遂以刊勒行于好事者，然多舛谬。臣追念先帝顾遇之恩，揽本流涕，辄加正定，书之于石，以永其传。

治平元年五月二十六日，三司使给事中[③]臣蔡襄谨记。

【注释】

①禁中：秦汉时皇帝宫中为禁中，后代沿袭之。

②掌书记：宋代州府军监下属的幕职官。

③三司使给事中：宋朝将五代时盐钱使、度支使、户部使合并为一，称三司。给事中：属门下省。《宋史·职官志》："掌读中外出纳，及判后省之事。若政令有失当，除授非其人，则论奏而驳正之。凡奏章，日录目以进，考其稽违而纠治之。"

第二节 《茶录》译文

自序

朝奉郎右正言同修起居注蔡襄呈进：

臣以前借着上奏的机会，承蒙陛下告诉臣，臣之前担任福建转运使时所进贡的上品龙茶最好。臣私下感念，这些草木只是微小之物，有辱于陛下的知遇赏鉴之恩。如果让它处于适宜的地方，就能够发挥它最大的作用。陆羽的《茶经》没有评价建安茶品，丁谓的《茶图》也只是单独讨论采制的基本情况，至于烹煮、点试茶叶的情况，从来没听说过。臣专门列举了几个方面，简单明了，刻成两篇，名为《茶录》。在陛下宴会清闲时，可赐予群臣观览、取用，那是臣的莫大荣幸。蔡襄谨序。

上篇　论茶

色

茶的颜色以白为贵，然饼茶大多用珍贵的油脂涂抹表面，所以有青、黄、紫、黑等颜色的差别。善于鉴别茶叶的人，就像相士观察人气色一样，能隐约观察茶的内部。饼茶以质地光润者为上。若已经碾研成茶末，颜色黄白的受水点试后茶汤浑浊，颜色清白的受水点试后茶汤清澈，因此建安人斗茶，认为青白色的胜过黄白色的。

香

茶有天然之香。而进贡的饼茶稍加些龙脑与油脂，以帮助提高香味。建安民间品茶时都不添加香料，以防止失去其天然之香。如果在点试之时，掺入珍贵的果品与香草，恐怕天然茶香会丧失更多。应当不能用这些。

味

茶味最重要的是要甘甜、润滑。只有北苑凤凰山一带的茶焙出产的茶味道最佳。隔着溪流的几座山上产的茶，即使及时用心制作，颜色与味道均重，也比不上北苑凤凰山的茶。加上水不够甘甜，有损于茶的味道。这就是前代评论水之等级的原因。

藏茶

茶适宜用箬叶包裹储藏，惧怕气味浓烈的香料，喜欢温和干燥的环境，而忌置于阴冷潮湿的地方。因此收藏茶叶的人用箬叶封裹好茶，放入茶焙中烘烤，两三天一次，所用的火温如人的体温一样，就可以防潮。如果火温过高，茶叶就被烤焦而不能饮用。

炙茶

有的茶置放一年以后，香气、颜色和滋味会变得陈旧。可将茶放在干净的器皿中用沸水浸渍，并刮去饼茶表面一两层油脂之后，再用茶钤夹着，以微火烤干，然后碾成碎末。如果是当年产的新茶，就不需要用这种方法。

碾茶

碾茶时先用干净的纸把饼茶包裹密实后捶捣成碎块，然后再细细地碾。其要点在于，烘烤之后马上碾的茶色就会变白，如果放置一夜后再碾的茶色就会变暗。

罗茶

筛得细的茶末在点茶时就会浮在水面之上，筛得粗的则会沉到水面之下。

候汤

候汤是最难把握的。煮水的火候不到则茶末会上浮，火候过头的话则茶末会下沉。前人所说的“蟹眼”就是火候过头的沸水。如果用很深的器皿煮水，就很难分辨火候程度，所以说候汤是最难的。

熁盏

凡是在点茶之前，都要先给茶盏加热，使其温度升高，如果冷的话，茶末就不会上浮。

点茶

茶末少而水多，云脚就会分散。水少而茶末多，粥面就会凝聚。抄取一钱匕的茶末，先注入少量开水把茶末调得极其均匀，再注入沸水反复搅拌。沸水注入到离盏口大约四分就可以了。看到茶汤表面颜色鲜亮发白，盏壁上没有附着水痕为最佳。建安人斗茶，将先出现水痕的视为输者，把长时间不出现水痕的看作胜者。因而比较胜负的说法只是相差一水、两水。

下篇 论茶器

茶焙

茶焙用竹条编成，再用箬叶包裹。茶焙上面加盖，是为了保持火的温度。茶焙中间有间隔，是为了能够有更多的容纳空间。火放在茶焙之下，与茶有大约一尺的距离，使其长时间地保持适宜的温度，以保持茶的颜色、香气与滋味。

茶笼

不需烘烤的饼茶，最好密封包裹，用箬笼装好，置于高处，使之远离湿气。

砧椎

砧和椎都是用来捶捣饼茶的。砧用木做成，椎用金或铁制成，取决于使用的方便情况。

茶钤

茶钤是将金或铁弯曲之后制成的，用来炙烤茶叶。

茶碾

茶碾，用银或铁制成。黄金质地柔软，铜和鍮石都会生锈，均不能使用。

茶罗

茶罗，以极细的最好。罗底用蜀地东川鹅溪所产的细密画绢，放到热水中揉洗之后罩在罗上。

茶盏

茶汤的颜色白，宜用黑色的茶盏。建安出产的黑里透红的茶盏，釉纹如兔毫，这种茶盏稍厚，烤过之后能长久地保温而不易冷却，点茶用最好。别处出产的茶盏，要么太薄，要么颜色发紫，都比不上建安产的。至于青白色的茶盏，斗茶品茶的人自然不用。

茶匙

茶匙要有一定重量，搅拌起来才能有力。黄金的最好，民间用银或铁制作。竹制的重量太轻，点试建茶是不用的。

汤瓶

腰细的汤瓶便于候汤，而且点茶时便于准确把握所加的沸水量。黄金的最好，民间用银、铁或瓷、石等材质制作。

后序

臣皇祐年间修撰起居注，向仁宗皇帝奏事时，多次承蒙皇帝询问建安贡茶和试茶的情况。臣以为讨论茶的谈话即使是宫廷内的话语，但不涉及机密，于是写了《茶录》二篇呈上。后来掌管福州时，所藏底稿被掌书记偷走，自己也不能回忆起原稿的内容。怀安县知县樊纪购买到了这份稿本，就刊刻了，在喜爱饮茶的人中流传，但是文字错讹较多。臣怀念先帝眷顾和知遇之恩，捧着书不禁潸然泪下，于是加以勘误、写定，刻在石碑上，以使其永久流传。治平元年五月二十六日，三司使给事中臣蔡襄谨记。

第四章 宋代建州茶史

本章分为建茶之源、建茶之造、建茶之品、建茶之器、建茶之饮、建茶之事，叙述宋代建州茶史之大端，从历史背景这一侧面诠释《茶录》的内容与意义。

第一节 建茶之源

一、年年春自东南来，建溪先暖冰微开

宋代是我国茶业发展的重要时期，由于在五代至北宋这一时期，我国气候明显由暖转寒，使得北部地区的大量茶树被冻死，茶树萌芽期推迟，结果导致宋代的贡焙中心南移建州。所谓“年年春自东南来，建溪先暖冰微开”（范仲淹《和章岷从事斗茶歌》）。

入宋后，在“太平兴国二年（977年），始置龙焙，造龙凤茶”（《建安志》）。北苑贡茶作为宋代茶叶的代表，达官贵人、文人雅士竞相追逐，与宋代饮茶文化相连接。特别是在文人饮茶中，无不推崇北苑茶，“品泉暗识南零味，鉴茗多藏北苑真”（朱长文《送荣子扬斋郎》）。在今天福建省建瓯市东峰镇有一块摩崖石刻，是庆历八年（1048年）柯适留下的。文曰：建州东凤皇山，厥植宜茶，惟北苑。太平兴国初，始为御焙，岁贡龙凤上，东东宫、西幽、湖南、新会、北溪，属三十二焙。有署暨亭榭，中曰御茶堂。后坎泉甘，宇之曰御泉。前引二泉，曰龙凤池。庆历戊子仲春朔，柯适记。建

瓯市东峰镇凤凰山一带，正是北苑贡茶所在地，此碑文为考证宋代建州北苑茶事提供了珍贵有力的实物依据。

北苑在建宁府建安县，《八闽通志》记载："状如龙蟠，与凤凰山对峙，其左有龙凤池，伪闽龙启中制茶焙，引龙凤二山之泉，潴为两池。两池间有红云岛，宋咸平间，丁谓监临茶事时所作也……又有御泉井、御茶亭。"又《凤凰山》："在吉苑里，形如翔凤。山有凤凰泉，一名龙焙泉，一名狮泉，自宋以来，于此取水造茶上供。苏轼《凤咮石砚铭序》云：'北苑龙焙山，如翔凤下饮之状，当其咮有石苍黑，坚致如玉，太原王颐以为砚，名之凤咮。'此即是也。"

二、建溪茗株成大树，颇殊楚越所种茶

（一）优越的地理环境

农业生产立足于土地，自然环境的空间差异为农事生产过程打上鲜明的烙印，并因此而形成融多元因素于一体的地理系统。古人关于地理与茶叶之间的关系，早有所关注。陆羽在《茶经·八之出》中勾勒出唐代茶叶地理分布，给予各地茶叶优劣的品评。至宋代，赵佶《大观茶论》言"世称外焙之茶，脔小而色驳，体好而味澹。方之正焙，昭然可别……虽然，有外焙者，有浅焙者。盖浅焙之茶，去壑源为未远，制之能工，则色亦莹白，击拂有度，则体亦立汤，惟甘重香滑之味，稍远于正焙耳"，指出正焙与外焙之区别。明代许次纾《茶疏》"地产"篇，说唐人首称阳羡，宋人最重建州。又说"钱塘诸山，产茶甚多，南山尽佳，北山稍

劣”，说的是茶叶品质的地理差异。

作为南方嘉木的茶树性喜温暖湿润，地球从南纬45°至北纬38°均可栽培。地势、土壤、光照、植被、水分等因素，影响茶叶之优劣。时建溪有三十二焙，北苑居首，在于其地理环境与气候条件之优越，宋子安《东溪试茶录》：“今北苑焙，风气亦殊。先春朝脐常雨，霁则雾露昏蒸，昼午犹寒，故茶宜之。茶宜高山之阴，而喜日阳之早。自北苑凤山南，直苦竹园头东南，属张坑头，皆高远先阳处，岁发常早，芽极肥乳，非民间所比。”“茶宜高山之荫，而喜日阳之早”，这句话概括了茶树对环境的要求，指出好茶产于向阳山坡有树木荫蔽的环境，即《茶经》的“阳崖阴林”。茶树起源于我国西南亚热带雨林之中，在人工栽培以前，它和亚热带森林植物共生，并被高大树木所荫蔽，在漫射光多的条件下生长发育，形成了耐荫的特性。因此，在有遮阳条件的地方生长的茶树鲜叶天然品质好，持嫩性强。

赵汝砺《北苑别录》：“建安之东三十里，有山曰凤凰，其下直北苑，旁联诸焙，厥土赤壤，厥茶惟上上。”其后，此书罗列了北苑茶的产地，即御园、九窠十二陇、麦窠、壤园、龙游窠、小苦竹、苦竹里、鸡薮窠、苦竹、苦竹园、鼯鼠窠、教练垄、凤凰山、横坑、张坑等，这些茶叶产地，或“其土壤沃”，或“疏竹蓊翳”，或“泉流积阴”，为茶叶生长提供优良的地理环境。

（二）丰富的茶树品种资源

茶树为多年生常绿木本植物，原产于亚洲西南热带、亚热带雨林之中。特殊气候和地理环境成就茶树叶片所具有的独特生理生化特性和保健功能。四五千年前，茶树种籽传播到了八闽大地，迅速落地生根，发展壮大。这里古濮人将武夷山变成茶树种质资源衍生地，并培育出许多良种繁殖至今，使其成为中华大地第二个茶树种质资源基因库。

在建州，宋代人就重视茶树品种的搜集、栽植与培育。据《东溪试茶录》载，茶之名有七：

一曰白叶茶，民间大重，出于近岁，园焙时有之。地不以山川远近，发不以社之先后，芽叶如纸，民间以为茶瑞。取其第一者为斗茶，而气味殊薄，非食茶之比。……次有柑叶茶，树高丈余，径头七八寸，叶厚而圆，状类柑橘之叶。其芽发即肥乳，长二寸许，为食茶之上品。三曰早茶，亦类柑叶，发常先春，民间采制为试焙者。四曰细叶茶，叶比柑叶细薄，树高者五六尺，芽短而不乳，今生沙溪山中，盖土薄而不茂也。五曰稽茶，叶细而厚密，芽晚而青黄。六曰晚茶，盖稽茶之类，发比诸茶晚，生于社后。七曰丛茶，亦曰蘖茶，丛生，高不数尺，一岁之间，发者数四，贫民取以为利。

先人发现了茶叶形态特征、发芽时间、感官特征等差异，并根据实际需要栽植，供斗茶所需、供贫民所取等。这样的栽植传统一直延续至今。以建州的武夷山为例，茶树在

▲
不同形态的茶叶

▲
武夷山茶园：岩岩有茶

各岩和悬崖半壁随处可见。寄植座，则是利用天然的石缝，如覆石之下、道路之旁，无须另外作植地园圃，将二三株茶树或三五颗种子寄植其间，任其发育滋长，稍加管理即可。如袁枚《试茶》诗："云此茶种石缝生，金蕾珠蘖殊其名。雨淋日炙俱不到，几茎仙草含虚清。"这样栽培的茶，受时人珍赏，如《闽产录异》中的铁罗汉、坠柳条，《寒秀草堂笔记》中的不知春："柯易堂曾为崇安令，言茶之至美，名为不知春，在武夷天佑岩下，仅一树。"蒋叔南游武夷山，记曰：

天心岩之大红袍、金锁匙，天游岩之大红袍、人参果、吊金龟、下水龟、毛猴、柳条，马头岩之白牡丹、石菊、铁罗汉、苦瓜霜，慧苑岩之品石、金鸡伴凤凰、狮舌，磊石岩之乌珠、壁石，止止庵之白鸡冠，蟠龙岩之玉桂、一枝香，皆极名贵。此外有金观音、半天摇、不知春、夜来香、拉天吊等等，名目诡异，统计全山，将达千种。

民国时期茶学家林馥泉著有《武夷茶叶之生产制造及运销》，调查了武夷岩茶的各种花名，名称之多，以数千计，仅慧苑一岩，调查所得就有800余个茶之花名。虽然部分是茶商巧立名目，取的花名而已，但也反映了建州茶树种质资源的丰富。如今，随着茶叶科学的深入研究，品种的选育、认定和推广也越加精进，推动了茶产业的发展。

第二节 建茶之造

中国制茶史上，以明代朱元璋废饼茶改散茶为转折点，经历了重大变革。其中唐宋以饼茶为主。但同为饼茶这样的茶叶形态，唐宋制作工艺也有区别。建州茶的制作以北苑茶之精粹为代表，其大略方法存于《北苑别录》《品茶要录》等茶典中。

一、研膏焙乳有雅制，方中圭兮圆中蟾

唐代陆羽《茶经·三之造》总结当时饼茶制作方法，称“七经目”：“采之，蒸之，捣之，拍之，焙之，穿之，封之。”在《二之具》则专门介绍了采制的器具。宋代赵汝砺《北苑别录》记建州饼茶的工艺流程包括拣茶、蒸茶、榨茶、研茶、造茶、过黄等步骤，经此过程，才有范仲淹诗中的“方中圭兮圆中蟾”，苏轼诗中的“上有双衔绶带双飞鸾”。

（一）拣茶

“茶有小芽，有中芽，有紫芽，有白合，有乌蒂，此不可不辨。”宋人制茶认为水芽为上，小芽次之，中芽又次之。紫芽、白合、乌蒂，不取。若有所杂，就会“首面不匀，色浊而味重也”。

（二）蒸茶

唐宋制茶主要是蒸青。不同的是，宋代对鲜叶原料的把

控更为严格。宋代蒸茶之前，先洗涤茶芽，清洗四遍，使其洁净，再入甑中蒸。蒸茶的目的主要是破坏酶的活性；散发青草气，发展香气的形成；促进酯型儿茶素、蛋白质、糖类等多种内含物质水解转化，提高成茶品质。

（三）榨茶

这一步骤与唐代相比，是宋代的一大不同。榨茶，就是挤压茶叶，去水，去茶汁。《北苑别录》："茶既熟谓茶黄，须淋洗数过，方入小榨，以去其水，又入大榨出其膏。先是包以布帛，束以竹皮，然后入大榨压之，至中夜取出揉匀，复如前入榨，谓之翻榨。彻晓奋击，必至于干净而后已。"榨茶有小榨、大榨与翻榨之序，最后达到"干净"的状态。

（四）研茶

此步骤与唐代的捣茶类似。唐代以杵臼，捣茶的方法和程度是"蒸罢热捣，叶烂而牙笋存焉"。宋代的研茶器具则是"以柯为杵，以瓦为盆"。研茶过程则需要加水。根据茶

◀ 研茶钵

的等级，规定加水的多少。北苑加水研茶，以每注水研茶至水干为一水，《北苑别录》中有“十二水”“十六水”文，研茶工艺繁杂、讲究。

（五）造茶

类似唐代的拍茶。所用的模具，唐代称规，铁制，有圆形、方形和花形样式；宋代有圈有模，有定形状，饼茶面上饰以纹饰。圈有竹制、铜制与银制的，模多为银制。所造贡茶，有贡新銙、龙团胜雪、上林第一、玉华、瑞云翔龙、小龙、小凤等品色，大都饰以龙纹、凤纹，形状有方形、圆形、花形、六边形、玉圭形等。

（六）过黄

此程序与唐代之焙茶相对应，《茶经·二之具》中设计焙茶的场地，以火烤干。宋代称过黄，方法为“初入烈火焙之，次过沸汤爁之，凡如是者三，而后宿一火，至翌日，遂过烟焙焉”。且据团茶的厚薄，规定焙火的次数，《北苑别录》：“銙之厚者，有十火至于十五火。銙之薄者，亦七火至于十火。”

二、麦粒收来品绝伦，葵花制出样争新

制茶工艺上的发展，需要各类因素的推动。茶树品种、贡茶制度背景以及品饮审美等方面，都影响制茶工艺，以至于建茶制作精良，是制茶史上的一座高峰。曾巩《尝新茶》

诗云："麦粒收来品绝伦，葵花制出样争新。"麦粒，比喻茶芽。葵花，建州茶饼形制。此诗即描述了建州茶的创新，其原因值得关注。

（一）茶树品种的不同

建州的茶内质佳，香甘醇厚。正是这一品种特色，影响了制茶工艺的出新。宋代饼茶工艺中，榨茶为一特色，其原因一方面可归结于茶树品种原因，"盖建茶味远而力厚，非江茶之比。江茶畏流其膏，建茶惟恐其膏之不尽，膏不尽，则色味重浊矣。"（赵汝砺《北苑别录》）江茶，指江南一带的茶，陆羽撰写《茶经》，其中《八之出》对江浙一带的产茶情况描写最用力。当时的制茶工艺应以这个地区的制法为宗。黄儒在《品茶要录》也写道："昔者陆羽号为知茶，然羽之所知者，皆今之所谓草茶。何哉？如鸿渐所论'蒸笋并叶，畏流其膏'，盖草茶味短而淡，故常恐去膏；建茶力厚而甘，故惟欲去膏。"草茶，是宋代对蒸研后不经压榨去膏汁的茶之称呼。综合赵汝砺与黄儒的观点，可以知道江南一带的茶味短而淡，不宜去膏。建安一带的茶味远而厚，需要去膏，是为追求不重不浊的口感。类似的"榨茶"，清代宗景藩《种茶说》有"做青茶""做红茶"二条，分别记曰"用手力揉，去其苦水""用脚揉踩，去其苦水"，是为降低茶的苦涩味，与宋代时原理一致。

关于建安一带茶树的品种，宋子安《东溪试茶录》记有七种茶名，分别是白叶茶、柑叶茶、早茶、细叶茶、稽茶、晚茶、丛茶。时人根据茶叶的形状与特征，以及发芽迟早命名，如柑叶茶，“树高丈余，径头七八寸，叶厚而圆，状类柑橘之叶。其芽发即肥乳，长二寸许，为食茶之上品”。又如早茶，“亦类柑叶，发常先春，民间采制为试焙者”。其中“芽发即肥乳”，是茶芽汁液丰富的意思，是建茶的代表。正因为建茶的内质醇厚，增加了榨茶这一步骤。

（二）贡茶制度的严苛

贡茶历史悠久，“武王既克殷，以其宗姬于巴，爵之以子……鱼、盐、铜、铁、丹漆、茶、蜜……皆纳贡之”（常璩《华阳国志》）。魏晋南北朝时，有吴兴“温山出御荈”（山谦之《吴兴记》）。中唐以后，湖州顾渚紫笋入贡，“牡丹花笑金钿动，传奏吴兴紫笋来”（张文规《湖州贡焙》）。这得益于陆羽的推荐，赞紫笋茶“芳香甘辣”。宋代贡茶进入新的发展时期，特别是宋徽宗赵佶的极力推崇，亲撰《大观茶论》一书，言“本朝之兴，岁修建溪之贡，龙凤团饼，名冠天下；壑源之品，亦自此盛”。北苑贡茶的繁荣，从北苑贡茶典籍之盛，亦可见。除了赵佶《大观茶论》外，蔡襄《茶录》，宋子安《东溪试茶录》，黄儒《品茶要录》，熊蕃、熊克《宣和北苑贡茶录》，赵汝砺《北苑别录》等付梓刊刻。这些文献记录了贡茶历史沿革、贡茶制作与品饮等情况。

从贡茶这个角度出发，茶叶的身份在“柴米油盐酱醋茶”的生活所需品基础上，为权贵所追逐。地方官员和茶农在制作工艺更为精益求精，提升茶叶品质。于是，在前代的基础上，宋代在择料、加工、包装等方面都得到了提升和创新。

（三）品饮风味的转变

唐以煮茶为主，至宋代，点茶之法兴起。一是鍑中沸水煮，以竹筴搅拌；一为置茶末于盏中，沸水点冲，茶筅击拂。茶末粗细要求有所不同，唐以茶末如细米为上，宋以“黄金碾畔绿尘飞”为度。而在制茶方面，开始契合点茶这一新主流饮茶法引起的口感变化。

据陆羽《茶经》中的记载，民间饮茶方式多样，“以汤沃焉，谓之痷茶。或用葱、姜、枣、橘皮、茱萸、薄荷之等，煮之百沸，或扬令滑，或煮去沫。”这些并不是陆氏茶的品饮审美。陆羽讲求茶的真香、真色，不假外求，追求它真正的“珍鲜馥烈”。因此，在饮茶中也提倡俭约之道，说“茶性俭，不宜广，广则其味黯淡”。宋代之饮茶审美有所不同，“茶味主于甘滑”（蔡襄《茶录》），“夫茶以味为上，甘香重滑，为味之全”（赵佶《大观茶论》）。我们需要讨论的是，何种制茶工艺能达到这样“甘香重滑”的品饮需求。答案是榨茶。黄儒在《品茶要录》里谈及采造茶叶的十类要害，其中渍膏一点直接影响了茶汤口感，“茶饼光黄，又如荫润者，榨不干也。榨欲尽去其膏，膏尽则有如干竹叶之色。惟饰首面者，故榨不欲干，以利易售。试时色虽鲜白，其味带苦者，渍膏之病也。”因此，榨茶这一步骤的产生，目的是避免这类情况出现。

第三节 建茶之品

陆羽《茶经》："饮有觕茶、散茶、末茶、饼茶者，乃斫、乃熬、乃炀、乃舂，贮于瓶缶之中，以汤沃焉，谓之痷茶。"列举了当时大略的茶叶品类。宋代茶叶品类主要以外形区分，一为片茶，二为散茶，即压制成饼或块状的固形茶，和未经压制的叶茶。据记载，宋代生产片茶的地区主要有兴国军（今湖北阳新）、饶州（今江西鄱阳）、池州（今安徽贵池）、虔州（今江西赣州）、袁州、临江军（今江西清江）、歙州、潭州、江陵、越州、辰州（今湖南沅陵）、澧州（今湖南津市）、光州（今河南潢川）、鼎州（今湖南常德）及两浙和建安等地。出产散茶的地区主要是淮南、荆湖、归州和江南一带。朱自振先生归纳说：我国南部茶区生产紧压茶要多些，北部特别是沿海、沿江和淮河流域的茶区，生产散茶要普遍些。欧阳修《归田录》："腊茶出于剑、建，草茶盛于两浙。两浙之品，日注第一。自景佑以后，洪州双井白芽渐盛，近岁制作尤精，囊以红纱，不过一、二两，以常茶十数斤养之，用辟暑湿之气，其品远出日注上，遂为草茶第一。"即说明了这样的生产情况。另外一些正史资料与文人诗词中，也反映了大量当时的茶品，有日铸茶、瑞龙茶、双井茶、雅安露芽、蒙顶茶、袁州金片、巴东真香、龙芽、方山露芽、普洱茶、径山茶、天台茶、雅山茶、鸟嘴茶、宝云茶、白云茶、花坞、信阳茶、龙井茶、虎丘茶、洞庭山茶、灵山茶、邛州茶、峨眉白芽茶、武夷茶、修仁茶等。

建州以生产片茶为主，特别是北苑贡茶，极具盛名。从几份茶书和资料记载，建州茶的品类在名称、工艺等方面，逐渐进步，精益求精，是当时产茶的巅峰。

建州茶品一览表

文献	建州茶品类
《荈茗录》	晚甘侯
《宣和北苑贡茶录》	研膏、蜡面、京铤、龙凤、石乳、的乳、白乳、小龙团、密云龙、瑞云翔龙、白茶、试新銙、三色细芽、银线水芽、龙团胜雪、花銙、御苑玉芽、万寿龙芽、上林第一、乙夜清供、承平雅玩、龙凤英华、玉除清赏、启沃承恩、雪英、云叶、蜀葵、金钱、玉华、寸金、无比寿芽、万春银叶、玉叶长春、宜年宝玉、玉清庆云、无疆寿龙、玉叶长春、长寿玉圭、兴国岩銙、香口焙銙、上品拣芽、新收拣芽 、太平嘉瑞、龙苑报春、南山应瑞、兴国岩拣芽、兴国岩小龙、兴国岩小凤、拣芽、小龙、小凤、大龙、大凤、琼林毓粹、浴雪呈祥、壑源拱秀、贡篚推先、价倍南金、旸谷先春、寿岩都胜、延平乳石、清白可鉴、风韵甚高
《太平寰宇记》	白乳、金字、蜡面、骨子、山挺、银字
《杨文公谈苑》	龙茶、凤茶、京铤、的乳、石乳、头金、白乳、蜡面、头骨、次骨

第四节 建茶之器

茶事活动从茶器展开，无器则不成。茶器选择是否得当，直接影响茶汤的品质。同时，茶器之雅致，是茶人品位的表征。茶的历史发展至今，茶器随茶的饮用方式而演变。唐代煮茶法以陆羽《茶经》“四之器”为圭臬。陆氏茶有仪轨，严苛到“二十四器阙一，则茶废矣”。整体系统科学、完整，富含审美精神，影响至今。它们包含了生火用具、煮茶、烤茶、碾茶、量茶、盛水、滤水、取水、分茶、盛盐、取盐、饮茶、清洁、盛贮和陈列等用具，满足了煮茶、饮茶的每一步骤。对碗的选择，反映茶人审美。

“点茶”是宋代的主要饮茶方式，使用的茶器见于蔡襄《茶录·论器》、赵佶《大观茶论》和审安老人的《茶具图赞》等。《茶具图赞》十二先生假以职官名为器名，并附姓名字号：韦鸿胪（焙茶笼）、木待制（碎茶器）、金法曹（茶碾）、石转运（茶磨）、胡员外（茶勺）、罗枢密（茶罗）、宗从事（茶刷）、漆雕秘阁（漆制茶托）、陶宝文（茶盏）、汤提点（汤瓶）、竺副帅（茶筅）、司职方（茶巾）。它们在炙茶、碎茶、碾茶、罗茶、点茶、击拂等步骤中各司其职。

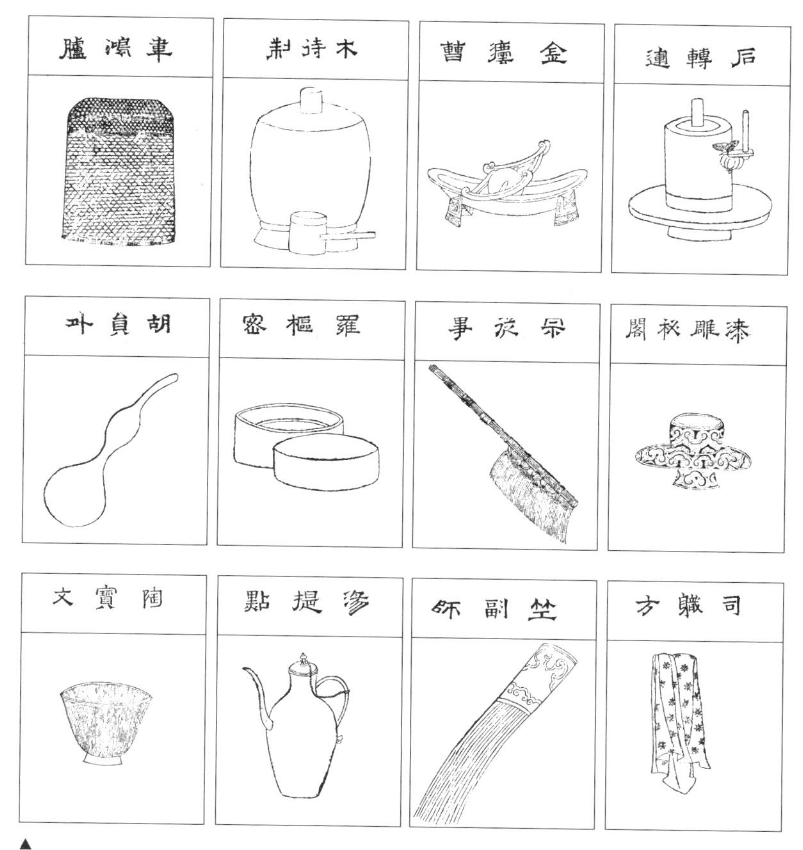

▲
《茶具图赞》十二先生

现选择宋代关键的、有特色的茶器，予以介绍。

一、茶碾

茶碾，又称“金法槽”，碎茶工具。唐宋时期以末茶为主，需将饼茶或散茶经茶碾碾碎，然后煮茶或点茶。陆羽《茶经》：“碾，以橘木为之，次以梨、桑、桐、柘为之。”赵佶《大观茶论》：“碾，以银为上，熟铁次之，生铁者非淘炼槌磨所成，间有黑屑藏于隙穴，害茶之色尤甚。凡碾为

▲
张匡正墓壁画备茶图（茶碾）

▲
莲花石磨（广东省惠州市博物馆藏）

制，槽欲深而峻，轮欲锐而薄。槽深而峻，则底有准而茶常聚；轮锐而薄，则运边中而槽不戛。”

二、茶磨

茶磨，又称“茶硙”“石转运”（见《茶具图赞》），是磨碎茶饼的工具。宋自逊《茶磨》：“韫质他山带玉挥，乾旋坤载妙玄机。转时隐隐海风起，落处纷纷春雪飞。”梅尧臣《茶磨》：“楚匠斲山骨，折檀为转脐。乾坤人力内，日月蚁行迷。吐雪夸春茗，堆云忆旧溪。北归唯此急，药臼不须挤。”二首诗描绘了“出臼入磨光吐吞，危坐只手旋乾坤”之磨茶律动美。

三、建盏

建盏，福建建安所产，以产地命名。大口小底，形似漏斗，造型凝重，古朴厚实。釉色黑，莹润有光，条纹细密如丝。因结晶所显斑点、纹理不同，分兔毫釉、鹧鸪斑、曜变、鳝皮釉等。当时斗茶流行，也称茗战。南宋刘松年绘《茗园赌市图》，见斗茶盛况，“斗茶味兮轻醍醐，斗茶香兮薄兰芷”。胜负要诀主要包括茶质的优劣、茶色的鉴别和点茶技术的高拙。斗茶之色贵白，多用黑釉系的建盏，因此蔡襄说：“茶色白宜黑盏……其青白盏斗试自不用。”（蔡襄《茶录》）建盏釉面纹路多样，具有兔毫、鹧鸪斑纹的茶盏，受到时人的珍赏。试看文人的诗词吟咏：“忽惊午盏兔毛斑，打作春瓮鹅儿酒。”（苏轼《送南屏谦师》）“纤纤捧，研膏溅乳，金缕鹧鸪斑。”（黄庭坚《满庭芳·茶》）“鹧斑碗面云萦字，兔褐瓯心雪作泓。”（杨万里《陈蹇叔郎中出闽漕别送新茶》）无论是兔毫还是鹧鸪斑，釉色与白色的汤花形成强烈的视觉对比，引发别样诗情画意。建盏不仅满足了文人、士大夫的生活需求与享受，更充实了他们的内心世界。宋代文人不吝惜笔墨，建盏成为诗词中的常咏之物。

▲
兔毫盏

▲
曜变建盏（大阪藤田美术馆藏）

四、茶筅

茶筅，又称“竹帚”“竺副帅”（见《茶具图赞》），点茶用具。竹制，帚形。点茶时，用茶筅在盏中搅拌，使茶末和沸水充分融合，形成乳状茶汁。刘过《好事近·咏茶筅》：“谁斫碧琅玕，影撼半庭风月。尚有岁寒心在，留得数茎华发。龙孙戏弄碧波涛，随手清风发。滚到浪花深处，起一窝香雪。”这首词生动描写了茶筅击拂之态。

▲
辽代壁画（汤瓶与茶筅）

五、汤瓶

汤瓶，又称“汤壶”“汤提点”（见《茶具图赞》）“偏提”，主要用于注水或煮水点茶。其口小，腰细，其流细长，宜于注汤。点茶时，左手持汤瓶，右手茶筅击拂，周季常《五百罗汉图》再现了此场景。宋白《宫词》：“龙焙中春进乳茶，金瓶汤沃越瓯花。”陆游《试茶》：“银瓶铜碾俱官样，恨欠纤纤为捧瓯。”

▲
周季常《五百罗汉图》（局部）

第五节 建茶之饮

一、宋代饮茶方式

煎茶与点茶是宋代主要的饮茶方式。前者承袭唐代，将研细的茶末投入沸水中煎煮，后者是将茶末置于盏中，再用沸水冲点。从宋代的时代环境看，煎茶是古风，苏辙说“煎茶旧法出西蜀”。而点茶是当时主流且普遍的饮茶方式。

前文说，宋代的饮茶法有煎茶与点茶。扬之水《两宋茶事》论述精到：“作为时尚的点茶，高潮在于‘点’，当然要诸美并具——茶品，水品，茶器，技巧——点的‘结果’才可以有风气所推重的精好，而目光所聚，是点的一刻。士人之茶重在意境，煎茶则以它所包含的古意而更有蕴藉。”宋代文人对建州的茶不吝溢美之词，纷纷将之展现在他们的事茶生活中。

（一）煎茶

陆羽《茶经》：“或用葱、姜、枣、桂皮、茱萸、薄荷之等，煮之百沸，或扬令滑，或煮去沫，斯沟渠间弃水耳，而习俗不已”。他认为这种在茶中加入多种作料的混煮而饮用的方式，好比沟渠里的水。倡导煎茶求真味真香，则是陆氏茶的出发点。

宋代煎茶承唐朝之煎茶。陆羽《茶经》用“煮”，实际上煮茶与煎茶之区别在于煮茶器——鍑与铫，以及后续的分茶方式之不同。而煎茶之程序大体是备器、择水、取水、候汤、炙茶、碾茶、罗茶、煎茶、分茶、品茶、清洁、收纳等。

1. 备器

煎茶器具有风炉、鍑、夹、碾、罗合、则、水方、漉水囊、竹夹、碗、畚、涤方、巾、具列、都篮等二十四器。

2. 择水

山水上，江水中，井水下。山水，拣乳泉、石池浸流者上；江水，取去人远者；井，取汲多者。重视水质的清净及

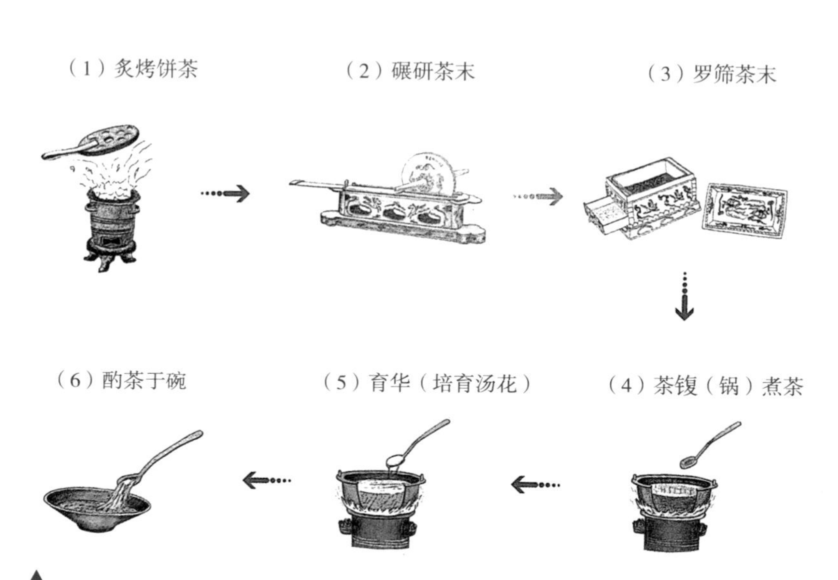

▲
唐代煮茶法

鲜活,《荈赋》所言“挹彼清流”,明代张源《茶录》:“饮茶,惟贵乎茶鲜水灵。”“茶者,水之神。水者,茶之体。非真水莫显其神,非精茶曷窥其体。”张大复《梅花草堂笔谈》:“茶性必发于水,八分之茶,遇十分之水,茶亦十分矣。八分之水,试十分之茶,茶只八分耳。”

3. 取火

其火,用炭。次用劲薪(桑、槐、桐、枥之类也)。膏木、败器不用(膏木为柏、桂、桧也;败器指朽废木器物)。

4. 候汤

有专用的风炉及茶鍑。汤有三沸(水沸之程度):其沸,如鱼目,微有声为一沸,缘边如涌泉连珠为二沸,腾波鼓浪为三沸,已上水老不可食也。另有虾目、蟹眼的比喻,苏轼《试院煎茶》:“蟹眼已过鱼眼生,飕飕欲作松风鸣。”

5. 炙茶

炙烤茶饼,使干燥、发香而利于碾末。

6. 碾茶、罗茶

炙好的茶饼用纸袋装好,隔纸用棰敲碎。纸袋既可防香气散失,又防碎茶飞溅。再将碎茶碾成末,以罗筛茶,使茶末大小均匀,利于煎饮。

7. 煎茶

一沸时,加盐调味。宋代煎茶或不加盐。袁说友《遗建茶于惠老》:“东入吴中晚,团龙第一奁。政须香齿颊,莫惯下姜盐。”二沸时,舀出一瓢水备用,用竹夹在沸水中绕圈搅动,再用“则”量茶末从中心投下。等到沸腾如波涛,即加入方才舀出的那瓢水，即隽永，以救沸育华。育华之“华”，即沫饽，饮之宜人。

8. 分茶

煎茶用铫，铫有流，直接以铫分入茶碗中，使沫饽均匀。

9. 饮茶

饮茶需趁热连饮之。汤冷则“精英”随气而竭，茶味不佳。

（二）点茶

宋、辽、金、元时期的茶法承继唐、五代时期的煮茶、煎茶，而以点茶茶艺为主流。宋代盛行点茶、斗茶、分茶。蔡襄《茶录》、宋徽宗《大观茶论》等茶书，对宋代点茶艺术做了详细的总结。归纳点茶法的程序有备器、择水、取火、候汤、洗茶、炙茶、碾罗、熁盏、点茶、品茶等。

◀刘松年《撵茶图》（局部）

1. 备器

点茶法的主要器具有茶炉、汤瓶、茶勺、茶筅、茶碾、茶磨、茶罗、茶盏等。

2. 择水、取火

同煎茶法。

3. 候汤

蔡襄《茶录》载“候汤最难，未熟则沫浮，过熟、则茶沉”，可见点茶时注水的水温控制非常重要。宋徽宗《大观茶论》载“汤以蟹目鱼眼连绎并跃为度”，点茶水温较煎茶为低，约相当于煎茶所谓的一沸水。煮水用汤瓶，汤瓶细口、长流、有柄，瓶小易候汤，且点茶注汤有准。

4. 洗茶、炙茶

经年陈茶先以汤渍之，刮去膏油，再以微火炙干。

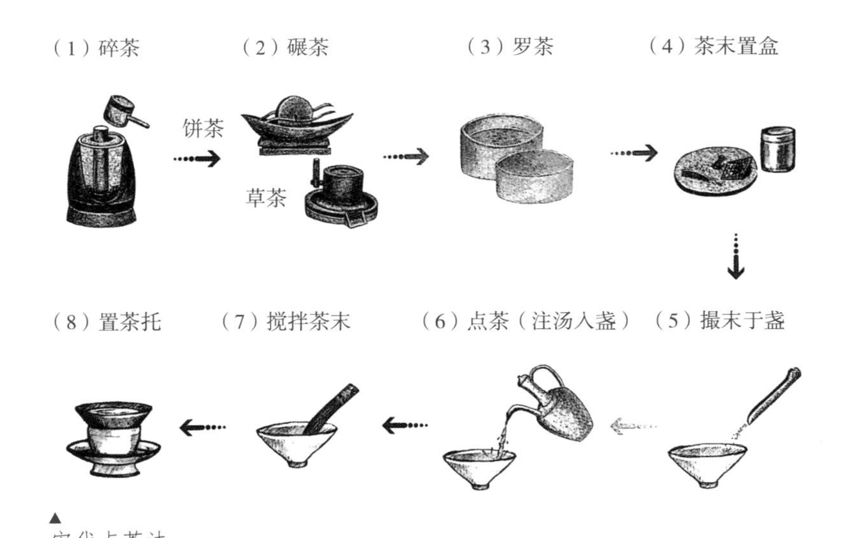

▲
宋代点茶法

5. 碾磨罗茶

饼茶先用纸密裹捶碎，经碾成末，继之磨成粉，再以罗筛匀。

6. 熁盏

点茶前须先熁盏，盏冷则茶沫不浮。

7. 点茶

用茶勺抄茶粉入盏，先注入少许水令均匀，谓之“调膏”，继之量茶受汤，边注汤边用茶筅“击拂”。《大观茶论》载，“乳雾汹涌，周回凝而不动，谓之咬盏”，即用茶筅击拂至汤面满布细小洁白的汤花，才能显现点茶技艺的高超。

8. 品茶

点茶一般是在茶盏里直接点，不加任何佐料，直接持盏饮用。也可用大茶碗点茶，再分到小茶盏里品饮。

二、宋代饮茶美学

宋代的福建经济和文化繁荣，建茶（包括建州属地、建溪两岸所产之茶）进入快速发展阶段。当时，经济繁荣，达官贵人“沐浴膏泽，咏歌升平之日久矣”（黄儒《品茶要录》），饮茶之风盛行。无论是斗茶、点茶还是煎茶，都极具饮茶美学。明代文人黄龙德言饮茶意境，云：“僧房道院，饮何清也。山林泉石，饮何幽也。焚香鼓琴，饮何雅也。试水斗茗，饮何雄也。梦回卷把，饮何美也。”（黄龙德《茶说》）归纳了饮茶的美学特质。

（一）斗茶味兮轻醍醐，斗茶香兮薄兰芷

范仲淹在《和章岷从事斗茶歌》记述了当时的点茶斗试之风，展现的是雄壮之美："北苑将期献天子，林下雄豪先斗美""其间品第胡能欺，十目视而十手指"，"斗茶味兮轻醍醐，斗茶香兮薄兰芷"。宋代的点茶是将团饼茶碾成茶末后，置于茶盏中，边注汤边以茶匙或茶筅击拂搅拌而后饮。而斗茶，也称茗战，胜负要诀主要包括茶质的优劣、茶色的鉴别和点茶技术的高拙。

在刘松年绘《茗园赌市图》中，街上众人斗茶，盛况可见。再看宋代王庭圭《刘端行自建溪归数来斗茶大小数十战予惧其坚壁不出为作斗茶诗一首且挑之使战也》一诗：

乱云碾破苍龙璧，自言鏖战无勍敌。一朝倒垒空壁来，似觉人马俱辟易。我家文开如此儿，客欲造门忧水厄。酒兵

▲
《斗茶图》

先已下愁城，破睡论功如破贼。惟君盛气敢争衡，重看鸣鼍斗春色。

诗题说刘端行在建溪斗茶数十战，王庭圭作诗挑战之。诗中以打战喻斗茶，在争与斗中展现茶之春色。可见，斗茶，成为彼时一大娱乐活动，场面热闹，一反文人雅集之清静，有“雄壮”之美。

（二）二者相遭兔瓯面，怪怪奇奇真善幻

在孙机《中国古代物质文化》说的末茶法角度下，品饮美学表现在茶汤泡沫的自然变幻和须臾之美。西晋杜育《荈赋》描写了汤华之美：“惟兹初成，沫沉华浮。焕如积雪，晔若春敷。”至陆羽《茶经》则更为细微：

沫饽，汤之华也。华之薄者曰沫，厚者曰饽，细轻者曰花。花如枣花漂漂然于环池之上，又如回潭曲渚青萍之始生，又如晴天爽朗，有浮云鳞然。其沫者，若绿钱浮于水渭，又如菊英堕于鐏俎之中。饽者，以滓煮之，及沸，则重华累沫，皤皤然若积雪耳。

皮日休《茶中杂咏·茶瓯》：“枣花势旋眼，苹沫香沾齿。”“枣花”“苹沫”典出《茶经》。陆羽《茶经》高度总结、提炼了茶道内涵，加上制茶技术的提升与成熟，品茶生活进入了更加广泛的社会阶层，“饮茶真正成为全社会的时尚，这时茶的文化意蕴也发生了变化，其凝重、深沉的要素消失了，取而代之的是轻松、明快。”（关剑平《文化传播视野下的茶文化研究》）至宋代，汤瓶点茶，茶筅击拂，有“生成

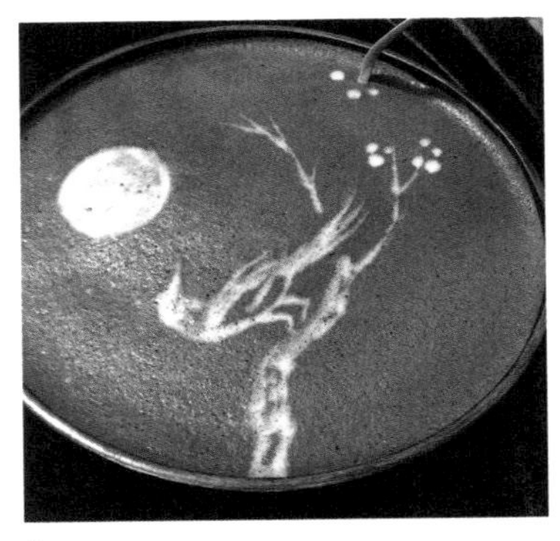

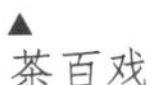

▲茶百戏

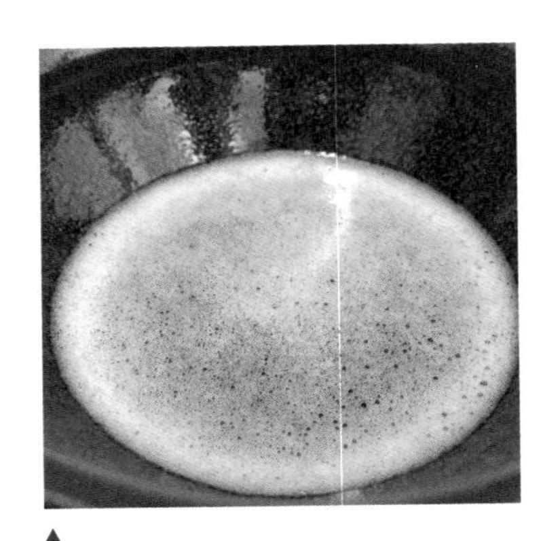

▲点茶茶沫

盏”“茶百戏”“漏影春”等游艺化分茶。

赵佶在《大观茶论》中有传神之笔：“手轻筅重，指绕腕旋，上下透彻，如酵蘖之起面。疏星皎月，灿然而生，则茶面根本立矣。”“急注急上，茶面不动，击拂既力，色泽渐开，珠玑磊落。”“粟文蟹眼，泛结杂起，茶之色十已得其六七。”“其真精华彩，既已焕发，云雾渐生。”“结浚霭，结凝雪，茶色尽矣。”疏星皎月、珠玑磊落、粟文蟹眼、云雾、浚霭、凝雪的比喻，与陆羽之说有异曲同工之妙。同时，在点茶过程中，可欣赏多种茶汤纹路的变幻。

关于分茶，有杨万里《澹庵坐上观显上人分茶》：

分茶何似煎茶好，煎茶不似分茶巧。蒸水老禅弄泉手，隆兴元春新玉爪。二者相遭兔瓯面，怪怪奇奇真善幻。纷如擘絮行太空，影落寒江能万变。银瓶首下仍尻高，注汤作字势嫖姚。

诗中描写显上人以兔毫盏、银瓶点出善幻的分茶，即注汤作字。分茶似游艺，故云“戏”也。茶汤上“游戏”，前有陶谷《荈茗录》的“茶百戏”：“近世有下汤运匕，别施妙诀，使汤纹水脉成物象者，禽兽虫鱼花草之属，纤巧如画，但须臾即就散灭。”运匕在汤上作水脉纹路。“从三国至宋代，其间无论是茶的加工技术，还是茶具的取舍都有一些变化，但是茶汤的样子却无根本变化。由此可见，魏晋南北朝与唐宋乃至元明时代的末茶一脉相承。”（关剑平《茶与中国文化》）这不变的茶汤样子，即汤花的“幻变”，联结文人的想象，天马行空，与自然融合。

（三）蟹眼已过鱼眼生，飕飕欲作松风鸣

苏轼是宋代文人煎茶的代表，有《试院煎茶》《汲江煎茶》等作品，其弟苏辙作《和子瞻煎茶》与之呼应、探讨煎茶之要领，“煎茶旧法出西蜀，水声火候犹能谙。相传煎茶只煎水，茶性仍存偏有味”。明代徐渭《煎茶七类》凝练其要如下。

1. 人品

煎茶虽微清小雅，然要领其人与茶品相得，故其法每传于高流大隐、云霞泉石之辈、鱼虾麋鹿之俦。

2. 品泉

山水为上，江水次之，井水又次之。并贵汲多，又贵旋汲，汲多水活，味倍清新，汲久贮陈，味减鲜冽。

3. 烹点

烹用活火，候汤眼鳞鳞起，沫浡鼓泛，投茗器中，初入汤少许，候汤茗相浃却复满注。顷间，云脚渐开，浮花浮

面，味奏全功矣。盖古茶用碾屑团饼，味则易出，今叶茶是尚，骤则味亏，过熟则味昏底滞。

4. 尝茶

先涤漱，既乃徐啜，甘津潮舌，孤清自萦，设杂以他果，香、味俱夺。

5. 茶宜

凉台静室，明窗曲几，僧寮、道院，松风竹月，晏坐行吟，清谭把卷。

6. 茶侣

翰卿墨客，缁流羽士，逸老散人或轩冕之徒，超然世味也。

7. 茶勋

除烦雪滞，涤醒破疾，谭渴书倦，此际策勋，不减凌烟。

在择水、备火、候汤等技法上，需要用心细腻，而文人煎茶还包括了“境”的营造，“德”的要求，和陆羽“最宜精行俭德之人”一脉相承。苏轼品评天下茶，独爱建茶，以为它似君子：“森然可爱不可慢，骨清肉腻和且正。”“骨清肉腻”则描写了茶之清雅与细腻，是茶香和茶味的表达，在《叶嘉传》中，又有“清白可爱”“风味德馨”之语。苏轼品茶，实意在评人。

第六节 建茶之事

陆羽《茶经·七之事》搜集了上古至中唐与茶有关的人与史料。这些史料散落于医典、史书、诗词歌赋、神异小说、字书、地理著作等。建茶之事，择录史料笔记与诗词文赋中的建茶记载，以补前文叙述之不足。

一、史料笔记

（一）杨亿《杨文公谈苑》

建州，陆羽《茶经》尚未知之，但言福、建等十二州未详，往往得之，其味极佳。江左近日方有蜡面之号。李氏别令取其乳作片，或号曰京挺、的乳及骨子等。每岁不过五六万斤，迄今岁出三十余万斤。凡十品，曰龙茶、凰茶、京挺、的乳、石乳、头金、白乳、蜡面、头骨、次骨。龙茶以供乘舆，及赐执政、亲王、长主。余皇族、学士、将帅皆凤茶。舍人、近臣赐京挺、的乳，馆阁赐白乳。龙、凤、石乳茶，皆太宗令造。江左有研膏茶供御，即龙茶之品也。丁谓为《北苑茶录》三卷，备载造茶之始末，今行于世。

（二）彭乘《墨客挥犀》

蔡君谟善别茶，后人莫及。建安能仁院有茶生石缝间，寺僧采造，得茶八饼，号石岩白，以四饼遗君谟，以四饼密遣人走京师，遗王内翰禹玉。岁余，君谟被召还阙，访禹玉。禹玉命子弟于茶笥中选取茶之精品者，碾待君谟。君谟捧瓯未尝，辄曰："此茶极似能仁石岩白，公何从得之?"禹玉未信。索茶贴验之，乃服。王荆公为小学士时，尝访君谟，君谟闻公至，喜甚。自取绝品茶，亲涤器烹点以待公。冀公称赏，公于夹袋中取消风散一撮，投茶瓯中，并食之。君谟失色。公徐曰："大好茶味。"君谟大笑，且叹公之真率也。

蔡君谟，议茶者莫敢对公发言。建茶所以名重天下，由公也。后公制小团，其品尤精于大团。一日，福唐蔡叶丞秘教召公啜小团，坐久，复有一客至，公啜而味之曰："非独小团，必有大团杂之。"丞惊呼，童曰："本碾造二人茶，继有一客至，造不及，乃以大团兼之。"丞神服公之明审。

（三）欧阳修《归田录》

腊茶出于剑、建，草茶盛于两浙。两浙之品，日注为第一。自景祐以后，洪州双井白芽渐盛，近岁制作尤精，囊以红纱，不过一、二两，以常茶十数斤养之，用辟暑湿之气，其品远出日注上，遂为草茶第一。

茶之品莫贵于龙凤，谓之团茶。凡八饼重一斤。庆历中，蔡君谟为福建路转运使，始造小片龙茶以进，其品绝精，谓之小团，凡二十饼重一斤，其价直金二两。然金可有，而茶不可得。每因南郊致斋，中书、枢密院各赐一饼，四人分之，宫人往往缕金花于其上，盖其贵重如此。

（四）高承《事物纪原》

《谈苑》曰："江左李氏，别令取茶之乳作片，或号京铤、的乳及骨子等。"是则京铤之品，自南唐始也。《苑录》曰："的乳以降，以下品杂鍊售之。唯京师去者，至真不杂，为时所贵，意其名由此得也。"又云："或曰开宝末，方有此茶。当时识者云：'金陵僭国，唯曰都下，而以朝廷为京师。今忽有此名，其将归京师乎？'"

（五）庞元英《文昌杂录》

库部林郎中说：建州上春采茶时，茶园人无数，击鼓闻数十里。然亦园中才间垄，茶品高下已相远。又况山园之异邪？太府贾少卿云：昔为福建转运使，五月中，朝旨令上供龙茶数百斤，已过时，不复有此新芽，有一老匠言：但如数买小銙，入汤煮研二万杈，以龙脑水洒之，亦可就。遂依此制造，既成，颇如岁进者。是年，南郊大礼，多分赐宗室近臣，然稍减常价，犹足为精品也。

仓部韩郎中云：叔父魏国公喜饮酒，至数十大觞犹未醉，不甚喜茶，无精粗共置一笼，每尽即取碾，亦不问新旧。尝暑月曝茶于庭中，见一小角上题襄字，蔡端明所寄也。因取以归员王家白。后见蔡说：当时只有九銙，又以叶园一饼充十数，以献魏公。其难得如此。

（六）沈括《梦溪补笔谈》

建茶之美者，号北苑茶。今建州凤凰山，土人相传谓之北苑。言江南尝置官领之，谓之北苑使。予因读李后主文集，有北苑诗及文苑纪，知北苑乃江南禁苑，在金陵，非建安也。江南北苑使，正如今之内园使。李氏时有北苑使，善制茶，人竞贵之，谓之北苑茶。如今茶器中有学士瓯之类，皆用人得名，非地名也。丁晋公为《北苑茶录》云：北苑，地名也，今曰龙焙。又云：苑者，天子园囿之名，此在列郡之东隅，缘何却名北苑，丁亦自疑之。盖不知北苑茶本非地名，始因误传。自晋公实之于书，至今遂谓之北苑。

（七）葛立才《韵语阳秋》

世言团茶始于丁晋公，前此未有也。庆历中，蔡君谟为福建漕，更制小团，以充岁贡。元丰初，下建州，又制密云龙以献，其品高于小团，而其制益精矣。曾文昭所谓："莆阳学士蓬莱仙，制成月团飞上天。"又云"密云新样尤可喜，名出元丰圣天子"，是也。唐陆羽《茶经》于建茶尚云未详，而当时独贵阳羡茶，岁贡特盛。茶山居湖常二州之间，修贡则两守相会，山椒有境会亭，基尚存。卢仝《谢孟谏议茶》诗云："天子须尝阳羡茶，百草不敢先开花"是已。然又云："开缄宛见谏议面，手阅月团三百片"，则团茶已见于此。当时李郢《茶山贡焙歌》云："蒸之馥之香胜梅，研膏架动声如雷。茶成拜表贡天子，万人争喊春山摧。"观研膏之句，则知尝为团茶无疑。自建茶入贡，阳羡不复研膏，只谓之草茶而已。

（八）叶梦得《避暑录话》

北苑茶正所产为曾坑，谓之正焙。非曾坑为沙溪，谓之外焙。二地相去不远，而茶种悬绝，沙溪色白，过于曾坑，但味短而微涩。识茶者一啜如别泾渭也。余始疑地气土宜不应顿异如此。及来山中，每开辟径路，刳治岩窦，有寻丈之间，土色各殊，肥瘠紧缓燥润，亦从而不同。并植两木于数步之间，封培灌溉略等，而生死丰瘁如二物者，然后知事不经见，不可必信也。草茶极品，惟双井顾渚，亦不过各有数亩。双井在分宁县，其地属黄氏鲁直家也。元祐间，鲁直力推赏于京师，族人交致之，然岁仅得一二斤尔。顾渚在长兴县，所谓吉祥寺也，其半为今刘侍郎希范家所有。两地所产岁亦止五六斤，近岁寺僧求之者多，不暇精择，不及刘氏远甚。余岁求于刘氏，过半斤则不复佳。盖茶味虽均，其精者在嫩芽。取其初萌如雀舌者谓之枪，稍敷而为叶者谓之旗。旗非所贵，不得已取一枪一旗犹可，过是则老矣。此所以为难得也。

（九）叶梦得《石林燕语》

建州岁贡大龙凤团茶各二斤，以八饼为斤。仁宗时，蔡君谟知建州，始别择茶之精者为“小龙团”十斤以献，斤为十饼。仁宗以非故事，命劾之。大臣为请，因留而免劾，然自是遂为岁额。熙宁中，贾青为福建转运使，又取小团之精者为“密云龙”，以二十饼为斤而双袋，谓之“双角团茶”，大小团袋皆用绯，通以为赐也。“密云”独用黄，盖专以奉玉食。其后又有为“瑞云翔龙”者。宣和后，团茶不复贵，皆以为赐，亦不复如向日之精。后取其精者为“銙茶”，岁赐者不同，不可胜纪矣。

（十）蔡绦《铁围山丛谈》

建溪龙茶，始江南李氏，号“北苑龙焙”者，在一山之中间，其周遭则诸茶地也。居是山，号“正焙”，一出是山之外，则曰“外焙”。“正焙”“外焙”，色香必迥殊，此亦山秀地灵所钟之有异色已。“龙焙”又号“官焙”，始但有龙凤、大团二品而已。仁庙朝，伯父君谟名知茶，因进小龙团，为时珍贵，因有大团、小团之别。小龙团见于欧阳文忠公《归田录》。至神祖时，即“龙焙”又进“密云龙”。“密云龙”者，其云纹细密，更精绝于小龙团也。及哲宗朝，益复进“瑞云翔龙”者，御府岁止得十二饼焉。其后祐陵雅好尚，故大观初，龙焙于岁贡色目外，乃进御苑玉芽、万寿龙芽。政和间，且增以长寿玉圭。玉圭凡仅盈寸，大抵北苑绝品曾不过是，岁但可十百饼。然后益新，品益出，而旧格递降于凡劣尔。又茶茁其芽，贵在于社前，则已进御，自是迤逦。宣和间，皆占冬至而尝新茗，是率人力为之，反不近自然矣。茶之尚，盖自唐人始，至本朝为盛。而本朝又至祐陵时，益穷极新出，而无以加矣。

（十一）吴曾《能改斋漫录》

北苑茶：丁晋公有《北苑茶录》三卷，世多指建州茶焙为北苑，故姚宽《丛语》谓：“建州龙焙面北，遂谓之北苑。”此说非也，以予观之，宫苑非人主不可称，何以言之？按：建茶供御，自江南李氏始，故杨文公《谈苑》云：“建州，陆羽《茶经》尚未知之。但言‘福、建等十二州未详，往往得之，其味极佳。’江左近日方有蜡面之号。李氏别令取其乳作片，或号曰京挺、的乳及骨子等，每岁不过五六万斤。迄今岁出三十余万斤。”以文公之言考之，其曰京挺、的乳，则茶以京挺为名。又称北苑，亦以供奉得名可知矣。李氏都于建邺，其苑在北，故得称北苑。水心有清辉殿，张洎为清辉殿学士，别置一殿于内，谓之澄心堂，故李氏有澄心堂纸。其曰"北苑茶"者，是犹"澄心堂纸"耳。李氏集有《翰林学士陈乔作北苑侍宴赋》诗，序曰："北苑，皇居之胜概也。掩映丹阙，萦回绿波。珍禽异兽充其中，修竹茂林森其后。北山苍翠，遥临复道之阴。南内深严，近在帷宫之外。陋周王之平圃，小汉武之上林"云云。而李氏亦有《御制北苑侍宴赋》诗，序其略云："偷闲养高，亦有其所，城之北有故苑焉，遇林因薮，未愧于离宫，均乐同欢，尚惭于灵沼"云云。以二序观之，因知李氏有北苑，而建州造挺茶又始之，因此取名，无可疑者。

建茶：建茶务，仁宗初，岁造小龙小凤各三十斤，大龙大凤各三百斤，入香不入香京挺共二百斤，蜡茶一万五千斤。小龙小凤，初因蔡君谟为建漕，造十斤献之，朝廷以其额外，免勘。明年，诏第一纲尽为之，故《东坡志林》载温公曰："君谟亦为此邪?"

茶品：张芸叟《画墁录》云："有唐茶品，以阳羡为上供。建溪、北苑未著也。贞元中，常衮为建州刺史，始蒸焙而研之，谓之研膏茶。其后始为饼样贯其中，故谓之一串。陆羽所烹，惟是草茗尔。迨至本朝，建溪独盛。丁晋公为转运使，始制为凤团，后又为龙团，岁贡不过四十饼。天圣中，又为小团，其饼迥加于大团。熙宁末，神宗有旨下建州置密云龙，其饼又加于小团。”已上皆《画墁》所载。予按：《五代史》：“当后唐天成四年五月七日，度支奏某中书门下奏：‘朝臣时有乞假觐省者，欲量赐茶药。’奉敕宜依者，各令据官品等第，指挥文班自左右常侍、谏议、给舍下至侍郎，宜各赐蜀茶三斤、蜡面茶二斤、草豆蔻一百枚、肉豆蔻一百枚、青木香二斤，以次武班官各有差。”以此知建茶以蜡面为上供，自唐末已然矣。第龙凤之制，至本朝有加焉。

（十二）胡仔《苕溪渔隐丛话》

苕溪渔隐曰：“建安北苑茶，始于太宗朝。太平兴国二年，遣使造之，取像于龙凤，以别庶饮，由此入贡。至道间，仍添造石乳，其后大小龙茶又起于丁谓，而成于蔡君谟，谓之将漕闽中，实董其事，赋《北苑焙新茶》诗，其序云：天下产茶者，将七十郡半，每岁入贡，皆以社前、火前为名，悉无其实。惟建州出茶有焙，焙有三十六，三十六中，惟北苑发早而味尤佳。社前十五日，即采其芽，日数千工，聚而造之。逼社即入贡，工甚大，造甚精，皆载于所撰《建阳茶录》，仍作诗以大其事云：“北苑龙茶者，甘鲜的是珍。四方惟数此，万物更无新。才吐微茫绿，初沾少许春。散寻索树遍，急采上山频。宿叶寒犹在，芳芽冷未伸。茅茨溪口焙，篮笼雨中陈。长疾勾萌并，开齐分两均。带烟蒸雀舌，和露叠龙麟。作贡胜诸道，先尝只一人。缄封瞻阙下，邮传渡江滨。特旨留丹禁，殊恩赐近臣。啜为灵药助，用与上罇亲。头进英华尽，初烹气味醇。细香胜却麝，浅色过于筠。顾渚惭投木，宜都愧积薪。年年号供御，天产壮瓯闽。”此诗叙贡茶颇为详尽，亦可见当时之事也。又君谟《茶录》序云：“臣前因奏事，伏蒙陛下谕臣，先任福建转运使日，所进上品龙茶，最为精好。臣退念草木之微，首辱陛下知鉴，若处之得地，则能尽其材。昔陆羽《茶经》，不第建安之品。丁谓《茶图》，独论采造之本。至于烹试，曾未有闻，辄条数事，简而易明，勒成二篇，名曰《茶录》。”至宣政间，郑可简以贡茶进用，久领漕计，创添续入，其数浸广，今犹因之。细色茶五纲，凡四十三品，形制各异，共七千余饼。其间贡新、试新、龙团胜雪、白茶、御苑玉芽，此五品乃水拣为第一。余乃生拣次之。又有粗色茶七纲，凡五品，大小龙凤并拣芽，悉入龙脑，和膏为团饼茶，共四万余饼。东坡《题文公诗卷》云：“上人问我留连意，待赐头纲八饼茶。”即今粗色红绫袋饼八者是也。盖水拣茶即社前者，生拣茶即火前者，粗色茶即雨前者。闽中地暖，雨前茶已老，而味加重矣。山谷《和答梅子明王扬休点密云龙》诗云：“小壁云龙不入香，元丰龙焙承诏作。”今细色茶中却无此一品也。又有石门、乳吉、香口三外焙，亦隶于北苑，皆采摘茶芽，送官焙添造。每岁縻金共二万余缗，日役千夫，凡两月方能迄事。第所造之茶，不许过数。入贡之后，市无货者，人所罕得。惟壑源诸处私焙茶，其绝品亦可敌官焙。自昔至今，亦皆入贡，其流贩四方，悉私焙茶耳。苏、黄皆有诗称道壑源茶，盖壑源与北苑为邻，山阜相接，才二里余。其茶甘香，特在诸私焙之上。

（十三）罗大经《鹤林玉露》

陆羽《茶经》、裴汶《茶述》，皆不载建品。唐末，然后北苑出焉。宋朝开宝间，始命造龙团，以别庶品。厥后丁晋公漕闽，乃载之《茶录》。蔡忠惠又造小龙团以进。东坡诗云："武夷溪边粟粒芽，前丁后蔡相笼加。吾君所乏岂此物，致养口体何陋耶？"茶之为物，涤昏雪滞，于务学勤政，未必无助。其与进荔枝、桃花者不同，然充类至义，则亦宦官、宫妾之爱君也。忠惠直道高名，与范、欧相亚，而进茶一事，乃侪晋公。君子之举措，可不谨哉！

二、诗词文赋

建茶为文人墨客追捧，自然书写了大量关于它的诗篇。从中不仅可以了解当时的茶叶历史与饮茶风俗，更能体察文人内心对茶的热爱之情。

（一）王禹偁《龙凤茶》

样标龙凤号题新，赐得还因作近臣。烹处岂期商岭外，碾时空想建溪春。香于九畹[1]芳兰气，圆似三秋皓月轮。爱惜不尝惟恐尽，除将供养白头亲[2]。

（二）范仲淹《和章岷从事斗茶歌》

年年春自东南来，建溪先暖冰微开。溪边奇茗冠天下，武夷仙人从古栽。新雷昨夜发何处，家家嬉笑穿云去。露芽错落一番荣，缀玉含珠散嘉树[3]。终朝采掇未盈襜[4]，唯求精粹不敢贪。研膏焙乳有雅制，方中圭兮圆中蟾[5]。北苑将期献天子，林下雄豪先斗美。鼎磨云外首山铜[6]，瓶携江上中泠水[7]。黄金碾畔绿尘飞，紫玉瓯心雪涛起。斗余味兮轻醍醐，斗余香兮薄兰芷。其间品第胡能欺，十目视而十手指。胜若登仙不可攀，输同降将无穷耻。于嗟天产石上英，论功不愧阶前蓂[8]。众人之浊[9]我可清，千日之醉[10]我可醒。屈原试与招魂魄，刘伶却得闻雷霆。卢仝敢不歌，陆羽须作经。森然万象中，焉知无茶星。商山丈人[11]休茹芝，首阳先生[12]休采薇。长安酒价减千万，成都药市无光辉。不如仙山一啜好，泠然便欲乘风飞。君莫羡花间女郎只斗草[13]，赢得珠玑满斗归。

【注释】

①九畹：畹，三十亩曰畹。

②白头亲：年老的父母。

③嘉树：指茶树。《茶经》："茶者，南方之嘉木也。"

④襜：系在身前的围裙。《诗·小雅·鱼藻之什·采绿》："终朝采蓝，不盈一襜。"

⑤方中圭兮圆中蟾：指茶的形状，方形如圭，圆形如月。

⑥首山铜：黄帝铸鼎炼丹，曾采铜此山。

⑦中泠水：亦称"南零"，在今江苏镇江市西北金山西，有"天下第一泉"之称。

⑧蓂：蓂荚，古代传说中一种表示祥瑞的草。

⑨众人之浊：引用屈原典故，《渔父》："举世皆浊我独清。"

⑩千日之醉：化用刘伶典故。刘伶，竹林七贤之一，嗜酒。

⑪商山丈人：秦末东园公、绮里季、夏黄公、甪里先生，避秦乱，隐商山，年皆八十有余。

⑫首阳先生：伯夷、叔齐独行其志，耻食周粟，饿死首阳山。

⑬斗草：一种古代游戏。竞采花草，比赛多寡优劣，常于端午举行。

（三）梅尧臣《依韵和杜相公谢蔡君谟寄茶》

天子岁尝龙焙茶，茶官催摘雨前牙。团香已入中都府，斗品争传太傅[①]家。小石[②]冷泉留早味，紫泥[③]新品泛春华。吴中内史[④]才多少，从此莼羹[⑤]不足夸。

（四）欧阳修《尝新茶呈圣俞》

建安三千里，京师三月尝新茶。人情好先务取胜，百物贵早相矜夸。年穷腊尽春欲动，蛰雷未起驱龙蛇。夜闻击鼓满山谷，千人助叫声喊呀。万木寒痴睡不醒，惟有此树先萌芽。乃知此为最灵物，疑其独得天地之英华。终朝采摘不盈掬，通犀[⑥]銙小圆复窊。鄙哉谷雨枪与旗，多不足贵如刈麻。建安太守急寄我，香蒻包裹封题斜。泉甘器洁天色好，坐中拣择客亦嘉。新香嫩色如始造，不似来远从天涯。停匙侧盏试水路，拭目向空看乳花。可怜俗夫把金锭[⑦]，猛火炙背如虾蟆。由来真物有真赏，坐逢诗老频咨嗟[⑧]。须臾共起索酒饮，何异奏雅终淫哇[⑨]。

【注释】

①太傅：官名，辅导太子的官。

②小石：量器。

③紫泥：指酱釉茶盏。梅尧臣《次韵和永叔尝新茶杂言》："兔毛紫盏自相称，清泉不必求虾蟆。"

④内史：官名，掌民政。这里指张翰，字季鹰。西晋文学家，吴郡吴江（今江苏苏州）人。《世说新语·识鉴》："张季鹰辟齐王东曹掾，在洛，见秋风起，因思吴中菰菜羹、鲈鱼脍，曰：'人生贵得适意尔，何能羁宦数千里以要名爵！'遂命驾便归。俄而齐王败，时人皆谓为见机。"

⑤莼羹：莼菜做的羹。

⑥通犀：犀角的一种。

⑦金锭：这里指京铤茶。

⑧咨嗟：赞叹。

⑨淫哇：淫邪之声，多指乐曲诗歌。

（五）苏轼《月兔茶》

环非环[①]，玦非玦[②]，中有迷离玉兔儿。一似佳人裙上月，月圆还缺缺还圆，此月一缺圆何年。君不见斗茶公子不忍斗小团[③]，上有双衔绶带双飞鸾。

（六）苏轼《和钱安道寄惠建茶》

我官于南今几时，尝尽溪茶与山茗。胸中似记故人面，口不能言心自省。为君细说我未暇，试评其略差可听。建溪所产虽不同，一一天与君子性。森然可爱不可慢，骨清肉腻[④]和且正。雪花雨脚[⑤]何足道，啜过始知真味永。纵复苦硬终可录，汲黯少戆宽饶[⑥]猛。草茶[⑦]无赖空有名，高者妖邪[⑧]次顽懭。体轻虽复强浮沉，性滞偏工呕酸冷。其间绝品岂不佳，张禹纵贤非骨鲠[⑨]。葵花玉銙[⑩]不易致，道路幽险隔云岭。谁知使者来自西，开缄磊落[⑪]收百饼。嗅香嚼味[⑫]本非别，透纸自觉光炯炯。秕糠团凤[⑬]友小龙，奴隶日注[⑭]臣双井。收藏爱惜待佳客，不敢包裹钻权倖。此诗有味君勿传，空使时人怒生瘿[⑮]。

【注释】

①环：中央有孔的圆形佩玉。

②玦：半环形有缺口的佩玉。

③小团：宋代作为贡品的精制茶叶。欧阳修《归田录》："茶之品莫贵于龙凤，谓之团茶。庆历中，蔡君谟为福建路转运使，始造小片龙茶以进，其品绝精，谓之小团，凡二十饼重一斤，其价直金二两。"

④腻：细腻。

⑤雪花雨脚：指雪花和雨脚，均为茶名。

⑥汲黯少戆宽饶：三者均为刚直之人。此句以人的性格喻茶性。

⑦草茶：宋代蒸研后不经过压榨去膏汁的茶。无赖：可爱。

⑧妖邪：怪异。顽懭：凶而下劣。

⑨骨鲠：刚直。

⑩葵花玉銙：北苑贡茶。

⑪磊落：众多的样子。

⑫嗅香嚼味：《茶经·六之饮》："嚼味嗅香，非别也。"此句言建茶品质优异，透纸可见光彩。

⑬团凤：龙凤团茶。小龙：小龙茶。

⑭日注：草茶中的极品。双井：洪州双井白芽，其品质远出日注。

⑮怒生瘿：多因郁怒忧思过度而得病。

（七）苏轼《行香子·茶词》

绮席[1]才终。欢意犹浓。酒阑时、高兴无穷。共夸君赐，初拆臣封。看分香饼，黄金缕，密云龙[2]。

斗赢一水[3]。功敌千钟。觉凉生、两腋清风。暂留红袖，少却纱笼。放笙歌散，庭馆静，略从容。

（八）黄庭坚《奉谢刘景文送团茶》

刘侯惠我大玄璧[4]，上有雌雄双凤迹。鹅溪[5]水练落春雪，粟面一杯增目力。刘侯惠我小玄璧，自裁半璧煮琼糜[6]。收藏残月惜未碾，直待阿衡[7]来说诗。绛囊[8]团团余几璧，因来送我公莫惜。个中渴羌[9]饱汤饼，鸡苏[10]胡麻煮同吃。

【注释】

①绮席：盛美的筵席。

②密云龙：茶名。蔡絛《铁围山丛谈》卷六："'密云龙'者，其云纹细密，更精绝于小龙团也。"

③一水：蔡襄《茶录》："视其面色鲜白，着盏无水痕为绝佳。建安斗试，以水痕先者为负，耐久者为胜。故较胜负之说，曰相去一水两水。"

④玄璧：指饼茶。

⑤鹅溪：指鹅溪绢，产于四川省盐亭县鹅溪的绢帛。唐代为贡品，宋人书画尤重之。此处用作罗茶。张扩《罗茶》："新剪鹅溪样如月，中有琼糜落飞屑。"春雪：指茶末。

⑥琼縻：琼糜，山芋汤的美称。此处形容茶汤。

⑦阿衡：指汉相匡衡。《汉书·匡衡传》："无说《诗》，匡鼎来；匡说《诗》，解人颐。"

⑧绛囊：红色口袋。

⑨渴羌：用以称嗜茶的人。黄庭坚《今岁官茶极妙而难为赏音者戏作两诗用前韵》："乳花翻椀正眉开，时苦渴羌冲热来。"

⑩鸡苏：草名，即水苏。其叶辛香，可以烹鸡，故名。胡麻：芝麻。

（九）黄庭坚《满庭芳·茶》

北苑春风，方圭圆璧，万里名动京关。碎身粉骨，功合上凌烟。尊俎风流战胜，降春睡、开拓愁边。纤纤捧，研膏溅乳，金缕鹧鸪斑。

相如，虽病渴，一觞一咏[1]，宾有群贤。为扶起灯前，醉玉颓山[2]。搜搅心中万卷，还倾动、三峡词源[3]。归来晚，文君[4]未寝，相对小窗前。

（十）陆游《北岩采新茶用忘怀录中法煎饮欣然忘病之未去也》

槐火[5]初钻燧，松风自候汤。携篮苔径远，落爪雪芽长。细啜襟灵[6]爽，微吟齿颊香。归时更清绝[7]，竹影踏斜阳。

【注释】

①一觞一咏：饮酒赋诗。王羲之《兰亭集序》：“**虽无丝竹管弦之盛，一觴（觞）一咏，亦足以畅叙幽情。**”

②醉玉颓山：刘义庆《世说新语·容止》：“**嵇叔夜之为人也，岩岩若孤松之独立；其醉也，傀俄若玉山之将崩。**”后以“醉玉颓山”形容男子风姿挺秀，酒后醉倒的风采。

③三峡词源：喻滔滔不绝的文词。杜甫《醉歌行》：“**词源倒流三峡水，笔阵独扫千人军。**”

④文君：指卓文君。汉临富翁卓王孙之女，貌美，有才学。司马相如饮于卓氏，文君新寡，相如以琴曲挑之，文君遂夜奔相如。这里指作者妻子。

⑤槐火：用槐木取火。相传古时往往随季节变换燃烧不同的木柴以防时疫，冬取槐火。钻燧：原始的取火法。燧为取火的工具，有金燧、木燧两种。

⑥襟灵：襟怀，心灵。

⑦清绝：形容美妙至极。

（十一）梅尧臣《南有嘉茗赋》

南有山原兮不凿不营[①]，乃产嘉茗兮嚣此众氓[②]。土膏脉动兮雷始发声，万木之气未通兮此已吐乎纤萌[③]。一之日[④]雀舌露，掇而制之以奉乎王庭。二之日鸟喙长，撷而焙之以备乎公卿。三之日枪旗耸，搴[⑤]而炕之将求乎利赢。四之日嫩茎茂，团而范之[⑥]来充乎赋征。当此时也，女废蚕织，男废农耕，夜不得息，昼不得停。取之由一叶而至一掬，输之若百谷[⑦]之赴巨溟。华夷蛮貊[⑧]，固日饮而无厌；富贵贫贱，不时啜而不宁。所以小民冒险而竞鬻[⑨]，孰谓峻法之与严刑。呜呼！古者圣人为之丝枲[⑩]絺绤而民始衣，播之禾麰[⑪]菽粟而民不饥，畜之牛羊犬豕而甘脆[⑫]不遗，调之辛酸咸苦而五味适宜，造之酒醴而宴飨之，树之果蔬而荐羞[⑬]之，于兹可谓备矣。何彼茗无一胜焉，而竞进于今之时？抑非近世之人，体惰不勤，饱食粱肉，坐以生疾，藉以灵荈而消腑胃之宿陈？若然，则斯茗也不得不谓之无益于尔身，无功于尔民也哉。

（十二）苏轼《叶嘉传》

叶嘉[⑭]，闽人也，其先处上谷[⑮]。曾祖茂先，养高不仕，好游名山，至武夷，悦之，遂家焉。尝曰："吾植功种德，不为时采，然遗香后世，吾子孙必盛于中土，当饮其惠矣。"茂先葬郝源[⑯]，子孙遂为郝源民。至嘉，少植节操。或劝之业武，曰："吾当为天下英武之精，一枪一旗，岂吾事

【注释】

①不啬不营：不用耕种不必经营。

②嚣此众氓：使百姓聚集于此喧闹不止。

③纤萌：指茶芽。

④一之日：农历十一月。下“二之日”，农历十二月，以此类推。雀舌与下文之“鸟喙”“枪旗”“嫩茎”皆指茶叶。

⑤搴（qiān）：采摘。炕：烘烤。

⑥团而范之：以模具压制茶叶成饼。

⑦百谷：指众谷之水。巨溟：大海。

⑧华夷蛮貊：指汉族与少数民族。

⑨竞鬻：竞相售卖。

⑩丝枲（xǐ）：丝麻。絺绤（chī xì）：葛布。葛之细者曰絺，粗者曰绤。

⑪禾麰（móu）：稻子与大麦。菽粟：大豆和小米。

⑫甘脆：味美的食物。

⑬荐羞：指进献美味的食品。

⑭叶嘉：茶叶之戏称。

⑮上谷：旧郡名，今河北易县一带。

⑯郝源：即壑源，今福建建瓯一带。

哉?”因而游，见陆先生[1]。先生奇之，为著其行录传于时。方汉帝嗜阅经史，时建安[2]人为谒者侍上，上读其行录而善之，曰：“吾独不得与此人同时哉[3]!”曰：“臣邑人叶嘉，风味恬淡，清白可爱，颇负其名，有济世之才，虽羽知犹未详也。”上惊，敕建安太守召嘉，给传[4]遣诣京师。

郡守始令采访嘉所在，命赍书[5]示之。嘉未就，遣使臣督促。郡守曰：“叶先生方闭门制作，研味经史，志图挺立，必不屑进，未可促之。”亲至山中，为之劝驾，始行登车。遇相者揖之，曰：“先生容质异常，矫然[6]有龙凤之姿，后当大贵。”嘉以皂囊[7]上封事。皇帝见之，曰：“吾久饫[8]卿名，但未知其实尔，我其试哉!”因顾谓侍臣曰：“视嘉容貌如铁，资质刚劲，难以遽用，必槌提[9]顿挫之乃可。”遂以言恐嘉曰：“碪斧[10]在前，鼎镬[11]在后，将以烹子，子视之如何?”嘉勃然吐气曰：“臣山薮[12]猥士，幸为陛下采择至此，可以利生，虽粉身碎骨[13]，臣不辞也!”上笑，命以名曹[14]处之，又加枢要之务焉。因诫小黄门[15]监之。有顷，报曰：“嘉之所为，犹若粗疏然。”上曰：“吾知其才，第以独学，未经师[16]耳。”嘉为之，屑屑就师。顷刻就事，已精熟矣。

【注释】

①陆先生：指陆羽。

②建安：今福建建瓯一带。

③吾独不得与此人同时哉：典出《史记·司马相如列传》："蜀人杨得意为狗监，侍上。上读《子虚赋》而善之，曰：'朕独不得与此人同时哉！'得意曰：'臣邑人司马相如自言为此赋。'上惊，乃召问相如。"

④传：驿站上所备的马车。

⑤赍（jī）书：送信。

⑥矫然：坚劲的样子。龙凤之姿：暗寓叶嘉后为龙凤团茶。

⑦皂囊：黑绸口袋。汉制，群臣上章奏，如事涉秘密，则以皂囊封之。封事：密封的奏章。

⑧饫（yù）：饱食，此处引申为听闻。

⑨槌提：弃掷，抨击。顿挫：摧折，使受挫折。

⑩碪（zhēn）斧：砧板和斧钺。

⑪鼎镬：古代以鼎镬烹煮罪犯的酷刑。

⑫山薮（sǒu）：山野草莽。猥士：鄙贱之士。

⑬粉身碎骨：指茶叶被碾研。

⑭曹：古代分科办事的官署部门或官职。

⑮小黄门：汉代宫中执役的人，地位较中常侍低。

⑯师：指筛，罗茶之用。此处指叶嘉之粗疏，经罗筛后转为精熟。

上乃敕御史欧阳高[1]、金紫光禄大夫郑当时、甘泉侯陈平三人与之同事。欧阳疾嘉初进有宠，曰："吾属且为之下矣。"计欲倾之。会皇帝御延英[2]促召四人，欧但热中而已，当时以足击嘉，而平亦以口侵陵之。嘉虽见侮，为之起立，颜色不变。欧阳悔曰："陛下以叶嘉见托，吾辈亦不可忽之也。"因同见帝，阳称嘉美而阴以轻浮訾[3]之。嘉亦诉于上。上为责欧阳，怜嘉，视其颜色，久之，曰："叶嘉真清白之士也。其气飘然，若浮云矣。"遂引而宴之。少间，上鼓舌欣然，曰："始吾见嘉，未甚好也，久味其言，令人爱之，朕之精魄，不觉洒然而醒。《书》曰：'启乃心，沃朕心[4]。'嘉之谓也。"于是封嘉钜合侯，位尚书，曰："尚书，朕喉舌之任也。"由是宠爱日加。朝廷宾客遇会宴享，未始不推于嘉。上日引对，至于再三。

后因侍宴苑中，上饮逾度，嘉辄苦谏[5]。上不悦，曰："卿司朕喉舌，而以苦辞逆我，余岂堪哉?"遂唾之，命左右仆于地。嘉正色曰："陛下必欲甘辞利口然后爱耶? 臣虽言苦，久则有效。陛下亦尝试之，岂不知乎?"上顾左右曰："始吾言嘉刚劲难用，今果见矣。"因含容之，然亦以是疏嘉。

【注释】

①欧阳高、郑当时、陈平：《汉书》皆有其传。

②延英：即延英殿，唐宫殿名。

③訾（zǐ）：毁谤，非议。

④启乃心，沃朕心：《尚书·说命》："启乃心，沃朕心。"孔颖达疏："当开汝心所有，以灌沃我心，欲令以彼所见，教己未知故也。"后因以"启沃"谓竭诚开导、辅佐君王。

⑤苦谏：苦心竭力地规劝。暗寓茶之苦口。

嘉既不得志，退去闽中，既而曰："吾末如之何也，已矣。"上以不见嘉月余，劳于万机，神薾[①]思困，颇思嘉。因命召至，喜甚，以手抚嘉曰："吾渴见卿久矣。"遂恩遇如故。上方欲南诛两越，东击朝鲜，北逐匈奴，西伐大宛，以兵革为事。而大司农[②]奏计国用不足。上深患之，以问嘉。嘉为进三策，其一曰：榷天下之利，山海之资，一切籍于县官。行之一年，财用丰赡。上大悦。兵兴，有功而还。上利其财，故榷法不罢。管山海之利，自嘉始也。居一年，嘉告老。上曰："钜合侯，其忠可谓尽矣！"遂得爵其子。又令郡守择其宗支之良者，每岁贡焉。嘉子二人，长曰抟[③]，有父风，故以袭爵。次子挺[④]，抱黄白之术[⑤]。比于抟，其志尤淡泊也。尝散其资，拯乡闾之困，人皆德之。故乡人以春伐鼓，大会山中，求之以为常。

赞曰：今叶氏散居天下，皆不喜城邑，惟乐山居。氏于闽中者，盖嘉之苗裔也。天下叶氏虽夥[⑥]，然风味德馨，为世所贵，皆不及闽。闽之居者又多，而郝源之族为甲。嘉以布衣遇皇帝，爵彻侯[⑦]，位八座[⑧]，可谓荣矣。然其正色苦谏，竭力许国，不为身计，盖有以取之。夫先王用于国有节，取于民有制。至于山林川泽之利，一切与民。嘉为策以榷之，虽救一时之急，非先王之举也，君子讥之。或云管山海之利，始于盐铁丞孔仅[⑨]、桑弘羊之谋也，嘉之策未行于时，至唐赵赞[⑩]，始举而用之。

【注释】

①薾（ěr）：疲困的样子。

②大司农：掌租税钱谷盐铁和国家的财政收支。

③抟：谐“团茶”之团。

④挺：谐“京挺”之“挺”。

⑤黄白之术：古代指方士烧炼丹药点化金银的法术。

⑥夥（huǒ）：多。

⑦彻侯：爵位名。秦统一后所建立的二十级军功爵中的最高级。汉初因袭之。

⑧八座：古代中央政府的八位高级官吏。

⑨孔仅：西汉南阳(今属河南)人。原为南阳大冶铁商。汉武帝时，任大司农丞，主管盐铁专卖，在全国各地设立盐铁专卖机构，专营盐铁生产和贸易事宜。桑弘羊：西汉河南洛阳人。商人之子。武帝时，任治粟都尉，领大司农。推行盐、铁、酒类收归官营，并设立平准、均输机构，控制全国商品，平抑物价，使商贾不得获取大利，以充实国家经济收入。

⑩赵赞：《文献通考·征榷考》：“德宗时，赵赞请诸道津会置吏阅商贾钱，每缗税二十，竹木茶漆税十之一，以赡常平本钱。”

第五章

蔡襄故里茶业与北苑贡茶现状

第一节 蔡襄故里茶业

蔡襄故里，现在福建省莆田市仙游县枫亭镇赤湖焦溪东宅村，后迁居莆田蔡宅村。为了重视历史上蔡襄对茶叶发展的重大贡献，仙游县政府于2017年在龙华镇松柏洋188号福建金溪茶业有限公司成立了仙游县蔡襄茶文化研究院，由公司董事长黄世忠担任院长，福建省祥和茶业有限公司上官长垣担任理事长，聘请两位仙游籍人士武夷学院李远华教授、福建农林大学安溪茶学院雷国铨书记为顾问，研究院有理事

▲
仙游县蔡襄茶文化研究院成立

15人，会员50人，建有多功能厅300平方米，文化馆130平方米，茶叶研究基地100亩，下设办公室、品牌运作室、文化研究室、技术推广室，主要是通过挖掘、整理、研究、开发、弘扬蔡襄茶文化，推动仙游茶产业发展。

仙游茶树始于隋代。唐代孝仁里郑宅（今鲤南圣泉）、凤山九座山区已有成片种植。唐宋年间郑宅茶已为贡品，名闻京都。宋代度尾东山寺僧制“药丹茶”。园庄、赖店和罗溪三镇交界处的岩里寺“九条茶”系北宋时尚安祖师建寺后，采集寺周围山上野茶及双子叶植物纲山毛榉科的乔木树幼嫩芽叶制成。1924年，仙游县园庄慈孝里古马山涌泉寺行圆法师和枫林村曾席儒从武夷山引进水仙、大红袍茶苗在枫林村栽植。1933年从安溪引进铁观音、佛手、色种等茶苗在枫林村石厝山边种植，面积20余亩。后来又陆续引进毛蟹，黄棪，梅占，乌龙，福云6号、7号、8号、20号，肉桂，奇兰，福鼎大白茶，政和大白茶，福安大白茶，八仙茶，黄观音和台湾软枝乌龙等品种。

仙游县19个乡（镇）及国营霞溪、钟山，共有茶场241个，这些茶场是集体茶场，主要生产乌龙茶、绿茶，也有少量红茶、红碎茶。1978年，度尾镇创建全县第一座现代化茶叶初制、精制联合加工厂，先精制绿茶，1979年引进红碎茶加工设备后又精制红碎茶，随后又生产精制茉莉花茶。度尾茶厂年加工分级红茶58.3吨，加工茉莉花茶59.3吨，产品分别供给广东省外贸土畜产进出口公司和福建省外贸土畜产进出口公司，1985年只加工茉莉花茶，1988年年加工茉莉花茶500吨，为其历史最高加工生产量。1988年，仙游县茶园面积增至29375亩，茶叶总产量达1028吨，当年收购茶叶396吨，出口茶叶298吨。其中园庄乡茶园面积6101亩，占全县总面积的23.48%；度尾镇茶叶总产354吨，平均亩产137.5公斤，总产和单产均为全县之最，生产茶叶主要是茉莉花茶。2005年，全县茶园面积16491亩，茶叶年产量2172吨，其中乌龙茶1271吨，绿茶98吨，红茶50吨，其他茶753吨。至2018年，仙游县拥有茶园面积3万多亩，其中国家标准化茶叶示范基地5000亩，年茶叶总产量9000多吨，茶叶产值2亿多元，龙华镇、园庄镇、钟山镇仍是仙游县的茶叶生产重镇。龙华镇金溪茶业有限公司是国家农业标准化茶叶示范基地，主要是乌龙茶生产出口型企业，“仙溪”牌乌龙茶获得福建名牌农产品称号，金溪茶业茶叶精加工生产过程：

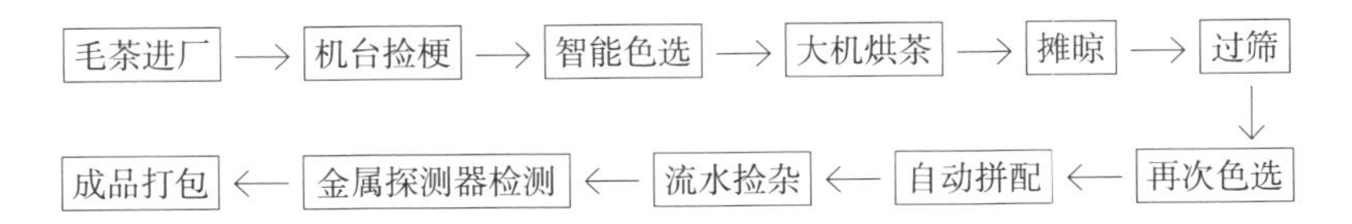

园庄镇枫林村主要是恢复生产历史名茶“郑宅茶”，历史上分为“郑宅芽茶”和“郑宅片茶”两种，2016年获得了国家地理标志产品保护。为了研制好郑宅茶的茶叶品质，成立了莆田市枫林郑宅茶科学研究所。2018年郑宅茶传统制作技艺被莆田市人民政府列入第六批市级非物质文化遗产代表性项目名录。

郑宅茶历史上曾是专供皇宫享用的贡茶。南宋著名史学家郑樵《采茶行》曰：

春山晓露洗新碧，宿鸟倦飞啼石壁。

手携桃杖歌行役，鸟道纡回惬所适。

千树朦胧半含白，峰峦高低如几席。

我生偃蹇耽幽僻，拨草驱烟频蹑屐。

采采前山慎所择，紫芽嫩绿敢轻掷。

龙团佳制自往昔，我今未酌神先怿。

安得龟蒙地百尺，前种武夷后郑宅。

逢春吸露枝润泽，大招二陆栖魂魄。

▲
郑宅茶

第二节 北苑贡茶现状

北苑贡茶，主产地是福建省南平市建瓯市，具体在今建瓯市东峰镇一带，北宋庆历七年至八年（1047—1048年），蔡襄漕闽，任福建路转运使，在此地创小龙团，并创作了《茶录》。

建瓯古为建州，陆羽《茶经》八之出写有“岭南，生福州、建州、韶州、象州”，是当时全国茶叶的一个重要产区，建瓯的“北苑御焙”遗址于2006年5月25日被国务院列为第六批全国重点文物保护单位。在唐末、五代之际，建州最大的茶焙业主张廷晖将凤凰山方圆30里茶山献给闽王作为皇家御茶园，因地处闽国北部，故称北苑。从五代至明代历时458年，北苑茶是皇家贡品。当时北苑生产制作的茶类主要是蒸青茶饼。

宋代曾设立全国唯一的官方茶园和茶事管理机构，专门生产和管理供皇宫御用的茶叶。最初北苑有官焙（所谓的焙，即生产场所，相当于今天的茶厂）三十二，分布在北至政和石屯，南至建安南雅，东至建安丰乐等地；此后出现大量私焙，最盛时达到一千三百多家，遍布建溪两岸百里，北

▲
北苑御焙遗址

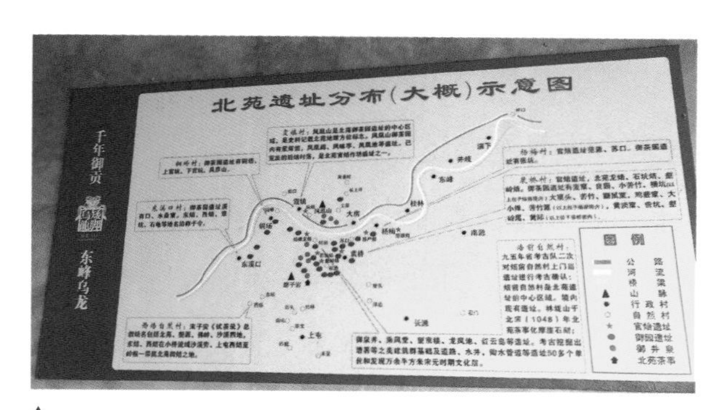

▲
北苑遗址分布图

至武夷山，南至南平廖地，均打着“北苑茶”的旗号。

清代周亮工《闽茶曲》赞北苑茶：

> 龙焙清泉气若兰，士人新样小龙团。
>
> 世人尽夸北苑好，不识源流在建安。

十九世纪，建瓯大量生产乌龙茶。清代咸丰年间（1851—1861年），台湾台中鹿谷乡举人林凤池引种建瓯的矮脚乌龙于冻顶山。1934—1938年，建瓯最多的年份茶叶产量占福建全省的1/4，产量全省第一。到1991年，建瓯的茶园面积达87087亩，产茶5164吨，外贸出口3657吨。2015年，建瓯市有茶园面积93177亩，年产茶叶12321吨，年产值5.47亿元，良种覆盖率95.3%。现今建瓯市有茶园12.5万亩，年产干毛茶1.2万多吨，茶叶主要品类是乌龙茶，种植主要茶树品种是水仙，其他品种有梅占、肉桂、奇兰、丹桂、黄观音、金观音、春兰、雀舌、紫龙袍等，茶叶主产地在东峰镇、小桥镇、南雅镇等，主要生产企业有建瓯市龙兴茶叶有限公司、福建御壶春茶业有限公司、东峰镇成龙茶厂、德全茶厂、凯捷集团建瓯茶厂、南雅镇上岩茶业有限公司、松清茶业有限公司等。

▲
现今北苑贡茶产区

附　录

北苑贡茶典籍选辑

一、《大观茶论》

（宋）赵佶

序

尝谓首地而倒生，所以供人求者，其类不一。谷粟之于饥，丝枲之于寒，虽庸人孺子皆知，常须而日用，不以岁时之舒迫而可以兴废也。至若茶之为物，擅瓯闽之秀气，钟山川之灵禀，祛襟涤滞，致清导和，则非庸人孺子可得而知矣；冲澹简洁，韵高致静，则非遑遽之时可得而好尚矣。本朝之兴，岁修建溪之贡，龙团凤饼，名冠天下，而壑源之品，亦自此而盛。延及于今，百废俱举，海内晏然，垂拱密勿，幸致无为。缙绅之士，韦布之流，沐浴膏泽，熏陶德化，咸以雅尚相推，从事茗饮。故近岁以来，采择之精，制作之工，品第之胜，烹点之妙，莫不盛造其极。且物之兴废，固自有时，然亦系乎时之汙隆。时或遑遽，人怀劳悴，则向所谓常须而日用，犹且汲汲营求，惟恐不获，饮茶何暇议哉？世既累洽，人恬物熙，则常须而日用者，固久厌饫狼籍，而天下之士，励志清白，竞为闲暇修索之玩，莫不碎玉锵金，啜英咀华。较筐筥之精，争鉴裁之妙，虽否士于此时，不以蓄茶为羞，可谓盛世之清尚也。呜呼！至治之世，岂惟人得以尽其材，而草木之灵者，亦得以尽其用矣。偶因暇日，研究精微，所得之妙，后人有不自知为利害者，叙本末列于二十篇，号曰《茶论》。

地产

植产之地，崖必阳，圃必阴。盖石之性寒，其叶抑以瘠，其味疏以薄，必资阳和以发之；土之性敷，其叶疏以暴，其味强以肆，必资阴荫以节之。今圃家皆植木，以资茶之阴。阴阳相济，则茶之滋长得其宜。

天时

茶工作于惊蛰，尤以得天时为急。轻寒，英华渐长，条达而不迫，茶工从容致力，故其色味两全。若或时旸郁燠，芽甲奋暴，促工暴力，随槁晷刻所迫，有蒸而未及压，压而未及研，研而未及制，茶黄留渍，其色味所失已半。故焙人得茶天为庆。

采择

撷茶以黎明，见日则止。用爪断芽，不以指揉，虑气汗熏渍，茶不鲜洁。故茶工多以新汲水自随，得芽则投诸水。凡芽如雀舌谷粒者为斗品，一枪一旗为拣芽，一枪二旗为次之，余斯为下。茶始芽萌，则有白合；既撷，则有乌蒂。白合不去，害茶味；乌蒂不去，害茶色。

蒸压

茶之美恶，尤系于蒸芽压黄之得失。蒸太生则芽滑，故色清而味烈。过熟则芽烂，故茶色赤而不胶。压久则气竭味漓，不及则色暗味涩。蒸芽欲及熟而香，压黄欲膏尽亟止。如此，则制造之功十已得七八矣。

制造

涤芽惟洁，濯器惟净，蒸压惟其宜，研膏惟热，焙火惟良。饮而有少砂者，涤濯之不精也；文理燥赤者，焙火之过熟也。夫造茶，先度日晷之短长，均工力之众寡，会采择之多少，使一日造成，恐茶过宿，则害色味。

鉴辨

茶之范度不同，如人之有首面也。膏稀者，其肤蹙以文；膏稠者，其理敛以实；即日成者，其色则青紫；越宿制造者，其色则惨黑。有肥凝如赤蜡者，末虽白，受汤则黄；有缜密如苍玉者，末虽灰，受汤愈白。有光华外暴而中暗者，有明白内备而表质者，其首面之异同，难以概论。要之，色莹彻而不驳，质缜绎而不浮，举之凝结，碾之则铿然，可验其为精品也。有得于言意之表者，可以心解。比又有贪利之民，购求外焙已采之芽，假以制造，研碎已成之饼，易以范模。虽名氏采制似之，其肤理色泽，何所逃于鉴赏哉。

白茶

白茶自为一种，与常茶不同，其条敷阐，其叶莹薄。崖林之间，偶然生出，虽非人力所可致。正焙之有者不过四五家，生者不过一二株，所造止于二三胯而已。芽英不多，尤难蒸培，汤火一失，则已变而为常品。须制造精微，运度得宜，则表里昭澈，如玉之在璞，他无与伦也；浅焙亦有之，但品格不及。

罗碾

碾以银为上，熟铁次之。生铁者，非淘炼槌磨所成，间有黑屑藏于隙穴，害茶之色尤甚。凡碾为制，槽欲深而峻，轮欲锐而薄。槽深而峻，则底有准而茶常聚；轮锐而薄，则运边中而槽不戛。罗欲细而面紧，则绢不泥而常透。碾必力而速，不欲久，恐铁之害色；罗必轻而平，不压数，庶已细者不耗。惟再罗，则入汤轻泛，粥面光凝，尽茶之色。

盏

盏色贵青黑，玉毫条达者为上，取其焕发茶采色也。底必差深而微宽，底深则茶宜立，而易于取乳；宽则运筅旋彻，不碍击拂。然须度茶之多少，用盏之大小。盏高茶少，则掩蔽茶色；茶多盏小，则受汤不尽。盏惟热，则茶发立耐久。

筅

茶筅以筯竹老者为之。身欲厚重，筅欲疏劲，本欲壮而末必眇，当如剑脊之状。盖身厚重，则操之有力而易于运用，筅疏劲如剑脊，则击拂虽过而浮沫不生。

瓶

瓶宜金银，小大之制，惟所裁给。注汤利害，独瓶之口嘴而已。嘴之口欲大而宛直，则注汤力紧而不散；嘴之末欲圆小而峻削，则用汤有节而不滴沥。盖汤力紧则发速有节，不滴沥则茶面不破。

杓

杓之大小，当以可受一盏茶为量，过一盏则必归其余，不及则必取其不足。倾杓烦数，茶必冰矣。

水

水以清轻甘洁为美。轻甘乃水之自然，独为难得。古人品水，虽曰中泠、惠山为上，然人相去之远近，似不常得。但当取山泉之清洁者。其次，则井水之常汲者为可用。若江河之水，则鱼鳖之腥，泥泞之汙，虽轻甘无取。凡用汤以鱼目、蟹眼连绎并跃为度。过老则以少新水投之，就火顷刻而后用。

点

点茶不一，而调膏继刻，以汤注之，手重筅轻，无粟文蟹眼者，调之静面点。盖击拂无力，茶不发立，水乳未浃，又复增汤，色泽不尽，英华沦散，茶无立作矣。有随汤击拂，手筅俱重，立文泛泛，谓之一发点。盖用汤已故，指腕不圆，粥面未凝，茶力已尽，雾云虽泛，水脚易生。妙于此者，量茶受汤，调如融胶。环注盏畔，勿使侵茶。势不欲猛，先须搅动茶膏，渐加击拂，手轻筅重，指绕腕旋，上下透彻，如酵蘖之起面，疏星皎月，灿然而生，则茶面根本立矣。第二汤自茶面注之，周回一线，急注急止，茶面不动，击拂既力，色泽渐开，珠玑磊落。三汤多寡如前，击拂渐贵轻匀，周环旋复，表里洞彻，粟文蟹眼，泛结杂起，茶之色十已得其六七。四汤尚啬，筅欲转稍宽而勿速，其真精华彩，既已焕发，云雾渐生。五汤乃可稍纵，筅欲轻匀而透达。如发立未尽，则击以作之；发立已过，则拂以敛之，结浚霭，结凝雪，茶色尽矣。六汤以观立作，乳点勃结，则以筅着居，缓绕拂动而已。七汤以分轻清重浊，相稀稠得中，可欲则止。乳雾汹涌，溢盏而起，周回旋而不动，谓之咬盏，宜匀其轻清浮合者饮之。《桐君录》曰："茗有饽，饮之宜人，虽多不为过也。"

味

夫茶以味为上，香甘重滑，为味之全，惟北苑、壑源之品兼之。其味醇而乏风骨者，蒸压太过也。茶枪乃条之始萌者，木性酸，枪过长则初甘重而终微涩。茶旗乃叶之方敷者，叶味苦，旗过老则初虽留舌而饮彻反甘矣。此则芽胯有之，若夫卓绝之品，真香灵味，自然不同。

香

茶有真香，非龙麝可拟。要须蒸及热而压之，及干而研，研细而造，则和美具足。入盏则馨香四达，秋爽洒然。或蒸气如桃仁夹杂，则其气酸烈而恶。

色

点茶之色，以纯白为上真，青白为次，灰白次之，黄白又次之。天时得于上，人力尽于下，茶必纯白。天时暴暄，芽萌狂长，采造留积，虽白而黄矣。青白者蒸压微生，灰白者蒸压过熟。压膏不尽，则色青暗。焙火太烈，则色昏赤。

藏焙

数焙则首面干而香减，失焙则杂色剥而味散。要当新芽初生即焙，以去水陆风湿之气。焙用热火置炉中，以静灰拥合七分，露火三分，亦以轻灰糁覆，良久即置焙篓上，以逼散焙中润气。然后列茶于其中，尽展角焙之，未可蒙蔽，候火通彻覆之。火之多少，以焙之大小增减。探手中炉，火气虽热，而不至逼人手者为良。时以手挼茶体，虽甚热而无害，欲其火力通彻茶体耳。或曰，焙火如人体温，但能燥茶皮肤而已，内之湿润未尽，则复蒸暍矣。焙毕，即以用久竹漆器中缄藏之，阴润勿开，如此终年再焙，色常如新。

品名

名茶各以圣产之地。叶如耕之平园台星岩，叶刚之高峰青凤髓叶，思纯之大岚，叶屿之眉山，叶五崇林之罗汉山水，叶芽、叶坚之碎石窠、石臼窠，叶琼、叶辉之秀皮林，叶师复、师贶之虎岩，叶椿之无双岩芽，叶懋之老窠园。各擅其美，未尝混淆，不可概举。后相争相鬻，互为剥窃，参错无据。不知茶之美恶，在于制造之工拙而已，岂岗地之虚名所能增减哉。焙人之茶，固有前优而后劣者，昔负百今胜者，是亦园地之不常也。

外焙

世称外焙之茶，脔小而色驳，体好而味淡。方之正焙，昭然可别。近之好事者，箧笥之中，往往半之蓄外焙之品。盖外焙之家，久而益工制造之妙，咸取则于壑源，效像规模，摹外为正，殊不知其脔虽等而蔑风骨，色泽虽润而无藏蓄，体虽实而膏理乏缜密之文，味虽重而涩滞乏馨香之美，何所逃乎外焙哉？虽然，有外焙者，有浅焙者。盖浅焙之茶，去壑源为未远，制之能工，则色亦莹白，击拂有度，则体亦立汤，惟甘重香滑之味，稍远于正焙耳。至于外焙，则迥然可辨。其有甚者，又至于采柿叶桴榄之萌，相杂而造，味虽与茶相类，点时隐隐如轻絮泛然，茶面粟文不生，乃其验也。桑苎翁曰：“杂以卉莽，饮之成病。”可不细鉴而熟辨之？

二、《品茶要录》

（宋）黄儒

序

说者常怪陆羽《茶经》不第建安之品，盖前此茶事未甚兴，灵芽真笋，往往委翳消腐，而人不知惜。自国初已来，士大夫沐浴膏泽，咏歌升平之日久矣。夫体势洒落，神观冲淡，惟兹茗饮为可喜。园林亦相与摘英夸异，制棬鬻新而趋时之好，故殊绝之品始得自出于榛莽之间，而其名遂冠天下。借使陆羽复起，阅其金饼，味其云腴，当爽然自失矣。因念草木之材，一有负瑰伟绝特者，未尝不遇时而后兴，况于人乎！然士大夫间为珍藏精试之具，非会雅好真，未尝辄出。其好事者，又尝论“其采制之出入，器用之宜否，较试之汤火，图于缣素，传玩于时，独未有补于赏鉴之明耳”。盖园民射利，膏油其面，色品味易辨而难评。予因收阅之暇，为原采造之得失，较试之低昂，次为十说，以中其病，题曰《品茶要录》云。

一、采造过时

茶事起于惊蛰前，其采芽如鹰爪，初造曰试焙，又曰一火，其次曰二火。二火之茶，已次一火矣。故市茶芽者，惟同出于三火前者为最佳。尤喜薄寒气候，阴不至于冻。芽发时尤畏霜，有造于一火二火皆遇霜，而三火霜霁，则三火之茶已胜矣。时不至于暄，则谷芽含养约勤而滋长有渐，采工亦优为矣。凡试时泛色鲜白，隐于薄雾者，得于佳时而然也。有造于积雨者，其色昏黄；或气候暴暄，茶芽蒸发，采工汗手熏渍，拣摘不给，则制造虽多，皆为常品矣。试时色非鲜白、水脚微红者，过时之病也。

二、白合盗叶

茶之精绝者曰斗，曰亚斗，其次拣芽、茶芽。斗品虽最上，园户或止一株，盖天材间有特异，非能皆然也。且物之变势无穷，而人之耳目有尽，故造斗品之家，有昔优而今劣、前负而后胜者。虽人工有至有不至，亦造化推移，不可得而擅也。其造，一火曰斗，二火曰亚斗，不过十数銙而已。拣芽则不然，遍园陇中择其精英者尔。其或贪多务得，又滋色泽，往往以白合盗叶间之。试时色虽鲜白，其味涩淡者，间白合盗叶之病也。一鹰爪之芽，有两小叶抱而生者，白合也。新条叶之抱生而色白者，盗叶也。造拣芽常剔取鹰爪，而白合不用，况盗叶乎？

三、入杂

物固不可以容伪，况饮食之物，尤不可也。故茶有入他叶者，建人号为“入杂”。銙列入柿叶，常品入桴槛叶。二叶易致，又滋色泽，园民欺售直而为之也。试时无粟纹甘香，盏面浮散，隐如微毛，或星星如纤絮者，入杂之病也。善茶品者，侧盏视之，所入之多寡，从可知矣。向上下品有之，近虽銙列，亦或勾使。

四、蒸不熟

谷芽初采，不过盈箱而已，趣时争新之势然也。既采而蒸，既蒸而研。蒸有不熟之病，有过熟之病。蒸不熟，则虽精芽，所损已多。试时色青易沉，味为桃仁之气者，不蒸熟之病也。唯正熟者，味甘香。

五、过熟

茶芽方蒸，以气为候，视之不可以不谨也。试时色黄而粟纹大者，过熟之病也。然虽过熟，愈于不熟，甘香之味胜也。故君谟论色，则以青白胜黄白；予论味，则以黄白胜青白。

六、焦釜

茶，蒸不可以逾久，久而过熟，又久则汤干，而焦釜之气上。茶工有泛新汤以益之，是致熏损茶黄。试时色多昏红，气焦味恶者，焦釜之病也。建人号为热锅气。

七、压黄

茶已蒸者为黄，黄细，则已入棬模制之矣。盖清洁鲜明，则香色如之。故采佳品者，常于半晓间冲蒙云雾，或以罐汲新泉悬胸间，得必投其中，盖欲鲜也。其或日气烘烁，茶芽暴长，工力不给，其采芽已陈而不及蒸，蒸而不及研，研或出宿而后制，试时色不鲜明，薄如坏卵气者，压黄之病也。

八、渍膏

茶饼光黄，又如荫润者，榨不干也。榨欲尽去其膏，膏尽则有如干竹叶之色。唯饰首面者，故榨不欲干，以利易售。试时色虽鲜白，其味带苦者，渍膏之病也。

九、伤焙

夫茶本以芽叶之物就之棬模，既出棬，上笪焙之，用火务令通彻。即以灰覆之，虚其中，以热火气。然茶民不喜用实炭，号为冷火，以茶饼新湿，欲速干以见售，故用火常带烟焰。烟焰既多，稍失看候，以故熏损茶饼。试时其色昏红，气味带焦者，伤焙之病也。

十、辨壑源、沙溪

壑源、沙溪，其地相背，而中隔一岭，其势无数里之远，然茶产顿殊。有能出力移栽植之，不为土气所化。窃尝怪茶之为草，一物尔，其势必由得地而后异。岂水络地脉，偏钟粹于壑源？抑御焙占此大冈巍陇，神物伏护，得其余荫耶？何其甘芳精至而独擅天下也。观乎春雷一惊，筠笼才起，售者已担簦挈橐于其门，或先期而散留金钱，或茶才入笪而争酬所直，故壑源之茶常不足客所求。其有桀猾之园民，阴取沙溪茶黄，杂就家棬而制之，人徒趋其名，睨其规模之相若，不能原其实者，盖有之矣。凡壑源之茶售以十，则沙溪之茶售以五，其直大率仿此。然沙溪之园民，亦勇于为利，或杂以松黄，饰其首面。凡肉理怯薄，体轻而色黄，试时虽鲜白，不能久泛，香薄而味短者，沙溪之品也。凡肉理实厚，体坚而色紫，试时泛盏凝久，香滑而味长者，壑源之品也。

后论

予尝论茶之精绝者，其白合未开，其细如麦，盖得青阳之轻清者也。又其山多带砂石而号佳品者，皆在山南，盖得朝阳之和者也。予尝事闲，乘晷景之明净，适轩亭之潇洒，一取佳品尝试，既而神水生于华池，愈甘而清，其有助乎！然建安之茶，散天下者不为少，而得建安之精品不为多，盖有得之者不能辨，能辨矣，或不善于烹试，善烹试矣，或非其时，犹不善也，况非其宾乎？然未有主贤而宾愚者也。夫惟知此，然后尽茶之事。昔者陆羽号为知茶，然羽之所知者，皆今之所谓草茶。何哉？如鸿渐所论"蒸笋并叶，畏流其膏"，盖草茶味短而淡，故常恐去膏；建茶力厚而甘，故惟欲去膏。又论福建为"未详，往往得之，其味极佳"。由是观之，鸿渐未尝到建安欤？

三、《东溪试茶录》

（宋）宋子安

建首七闽，山川特异，峻极回环，势绝如瓯。其阳多银铜，其阴孕铅铁。厥土赤坟，厥植惟茶。会建而上，群峰益秀，迎抱相向，草木丛条。水多黄金，茶生其间，气味殊美。岂非山川重复，土地秀粹之气钟于是，而物得以宜欤？北苑西距建安之洄溪，二十里而近，东至东宫，百里而遥。姬名有三十六，东宫其一也。过洄溪、踰东宫，则仅能成饼耳。独北苑连属诸山者最胜，北苑前枕溪流，北涉数里，茶皆气弇然色浊，味尤薄恶，况其远者乎，亦犹橘过淮为枳也。近蔡公作《茶录》亦云"隔溪诸山，虽及时加意制造，色味皆重"矣。

今北苑焙风气亦殊。先春朝脐常雨，霁则雾露昏蒸，昼午犹寒，故茶宜之。茶宜高山之阴，而喜日阳之早。自北苑凤山南直苦竹园头，东南属张坑头，皆高远先阳处，岁发常早，芽极肥乳，非民间所比；次出壑源岭，高土沃地，茶味甲于诸焙。丁谓亦云："凤山高不百丈，无危峰绝崦，而岗阜环抱，气势柔秀，宜乎嘉植灵卉之所发也。又以建安茶品甲于天下，疑山川至灵之卉，天地始和之气，尽此茶矣。又论石乳出壑岭，断崖缺石之间，盖草木之仙骨。"丁谓之记，录建溪茶事详备矣。至于品载，止云北苑壑源岭，及总记官私诸焙千三百三十六耳。近蔡公亦云"唯北苑凤凰山连属诸焙所产者味佳"，故四方以建茶为目，皆曰北苑。建人以近山所得，故谓之壑源。好者亦取壑源口南诸叶，皆云弥珍绝，传致之间，识者以色味品第，反以壑源为疑。今书所异者，从二公纪土地胜绝之目，具疏园陇百名之异，香味精粗之别，庶知茶于草木为灵最矣。去亩步之间，别移其性，又以佛岭叶源沙溪附见，以质二焙之美，故曰《东溪试茶录》。自东宫、西溪、南焙、北苑，皆不足品第，今略而不论。

总叙焙名　北苑诸焙，或还民间，或隶北苑，前书未尽，今始终其事。

旧记建安郡官焙三十有八，自南唐岁率六县民采造，大为民间所苦。我宋建隆已来，环北苑近焙，岁取上供，外焙俱还民间而裁税之。至道年中，始分游坑、临江、汾常、西蒙洲、西小丰、大熟，六焙隶南剑；又免五县茶民，专以建安一县民力裁足之，而除其口率。泉庆历中，取苏口、曾坑、石坑、重院，还属北苑焉。又"丁氏旧录"云，官私之焙千三百三十有六，而独记官焙三十二。东山之焙十有四：北苑龙焙一，乳橘内焙二，乳橘外焙三，重院四，壑岭五，壑源六，范源七，苏口八，东宫九，石坑十，建溪十一，香口十二，火梨十三，开山十四；南溪之焙十有二：下瞿一，蒙洲东二，汾东三，南溪四，斯源五，小香六，际会七，谢坑八，沙龙九，南乡十，中瞿十一，黄熟十二；西溪之焙四：慈善西一，慈善东二，慈惠三，船坑四；北山之焙二：慈善东一，丰乐二。

北苑 曾坑、石坑附。

建溪之焙三十有二，北苑首其一，而园别为二十五。苦竹园头甲之，鼯鼠窠次之，张坑头又次之。

苦竹园头连属窠坑，在大山之北，园植北山之阳，大山多修木丛林，郁荫相及。自焙口达源头五里，地远而益高，以园多苦竹，故名曰苦竹；以高远居众山之首，故曰园头。直西定山之隈，土石迴向如窠然，南挟泉流积阴之处，而多飞鼠，故曰鼯鼠窠。其下曰小苦竹园。又西至于大园，绝山尾，疎竹蓊翳，昔多飞雉，故曰鸡薮窠。又南出壤园、麦园，言其土壤沃宜辫麦也。自青山曲折而北，岭势属如贯鱼，凡十有二。又隈曲如窠巢者九，其地利为九窠十二垄，隈深绝数里，曰庙坑，坑有山神祠焉。又焙南直东，岭极高峻，曰教练垄。东入张坑，南距苦竹带北，冈势横直，故曰坑。坑又北，出凤凰山，其势中跱，如凤之首，两山相向，如凤之翼，因取象焉。凤凰山东南至于袁云垄，又南至于张坑，又南最高处，曰张坑头。言昔有袁氏、张氏居于此，因名其地焉。出袁云之北平下，故曰平园。绝岭之表，曰西际，其东为东际。焙东之山，萦纡如带，故曰带园。其中曰中历坑，东又曰马鞍山，又东黄淡窠，谓山多黄淡也。

绝东为林园，又南曰柢园，又有苏口焙，与北苑不相属。昔有苏氏居之，其园别为四，其最高处曰曾坑，际上又曰尼园，又北曰官坑，上园下坑园，庆历中始入北苑，岁贡有曾坑上品一斤，丛出于此。曾坑山浅土薄，苗发多紫，复不肥乳，气味殊薄。今岁贡以苦竹园茶充之，而蔡公《茶录》亦不云曾坑者佳。又石坑者，涉溪东北，距焙仅一舍，诸焙绝下。庆历中分属北苑，园之别有十：一曰大番，二曰石鸡望，三曰黄园，四曰石坑古焙，五曰重院，六曰彭坑，七曰莲湖，八曰严历，九曰乌石高，十曰高尾。山多古木修林，今为本焙取材之所。园焙岁久，今废不开，二焙非产茶之所，今附见之。

壑源　叶源附。

建安郡东望北苑之南山，丛然而秀，高峙数百丈，如郛郭焉，民间所谓捍火山也。其绝顶西南，下视建之地邑。民间谓之望州山。山起壑源口而西，周抱北苑之群山，迤逦南绝其尾，岿然山阜高者为壑源头，言壑源岭山自此首也。大山南北以限沙溪，其东曰壑水之所出。水出山之南，东北合为建溪。壑源口者，在北苑之东北，南径数里。有僧居曰承天，有园陇北，税官山，其茶甘香特胜。近焙受水，则浑然色重，粥面无泽。道山之南，又西至于章历，章历西曰后坑，西曰连焙，南曰焙上，又南曰新宅，又西曰岭根，言北山之根也。茶多植山之阳，其土赤埴，其茶香少而黄白。岭根有流泉，清浅可涉，涉泉而南，山势回曲，东去如钩，故其地谓之壑岭坑，头茶为胜。绝处又东，别为大窠坑头，至大窠为正壑岭，寔为南山。土皆黑埴，茶生山阴，厥味甘香，厥色青白，及受水则淳淳光泽。民间谓之冷粥面。视其面，涣散如粟，虽去社，芽叶过老，色益青明，气益郁然，其止则苦去而甘至。民间谓之草木大而味大是也。他焙芽叶遇老，色益青浊，气益勃然，甘至则味去而苦留为异矣。大窠之东，山势平尽，曰壑岭尾，茶生其间，色黄而味多土气。绝大窠南山，其阳曰林坑，又西南曰壑岭根，其西曰壑岭头，道南山而东曰穿栏焙，又东曰黄际，其北曰李坑，山渐平下，茶色黄而味短。

自壑岭尾之东南，溪流缭绕，冈阜不相连附，极南坞中曰长坑，踰岭为叶源，又东为梁坑，而尽于下湖。叶源者，土赤多石，茶生其中，色多黄青，无粥面粟纹而颇明爽，复性重喜沉为次也。

佛岭

佛岭连接叶源下湖之东，而在北苑之东南。隔壑源溪水，道自章阪东际为丘坑，坑口西对壑源，亦曰壑口，其茶黄白而味短。东南曰曾坑，今属北苑。其正东曰后历，曾坑之阳曰佛岭。又东至于张坑，又东曰李坑，又有硬头、后洋、苏池、苏源、郭源、南源、毕源、苦竹坑、歧头、槎头，皆周环佛岭之东南，茶少甘而多苦，色亦重浊。又有簀源、簀音胆，未详此字。石门、江源、白沙，皆在佛岭之东北，茶泛然缥尘色而不鲜明，味短而香少，为劣耳。

沙溪

沙溪去北苑西十里，山浅土薄，茶生则叶细，芽不肥乳。自溪口诸焙，色黄而土气。自龚漈南曰挺头，又西曰章坑，又南曰永安，西南曰南坑。漈其西曰砰溪，又有周坑、范源、温汤、漈厄源、黄坑、石龟、李坑、章坑、章村、小梨，皆属沙溪。茶大率气味全薄，其轻而浮，浡浡如土色，制造亦殊。壑源者不多留膏，盖以去膏尽则味少而无泽也。茶之面无光泽也。故多苦而少甘。

茶名　茶之名类殊别，故录之。

茶之名有七。一曰白叶茶，民间大重，出于近岁，园焙时有之。地不以山川远近，发不以社之先后，芽叶如纸，民间以为茶瑞。取其第一者为斗茶，而气味殊薄，非食茶之比。今出壑源之大窠者六，叶仲元、叶世万、叶世荣、叶勇、叶世积、叶相。壑源岩下一，叶务滋。源头二，叶团、叶肱。壑源后坑一，叶久。壑源岭根三，叶公、叶品、叶居。林坑黄漈一，游容。丘坑一，游用章。毕源一，王大照。佛岭尾一，游道生。沙溪之大梨漈上一，谢汀。高石岩一，云擦院。大梨一，吕演。砰溪岭根一，任道者。次有柑叶茶，树高丈余，径头七八寸，叶厚而圆，状类柑橘之叶，其芽发即肥乳，长二寸许，为食茶之上品。三曰早茶，亦类柑叶，发常先春，民间采制为试焙者。四曰细叶茶，叶比柑叶细薄，树高者五六尺，芽短而不乳，今生沙溪山中，盖土薄而不茂也。五曰稽茶，叶细而厚密，芽晚而青黄。六曰晚茶，盖稽茶之类，发比诸茶晚，生于社后。七曰丛茶，亦曰蘖茶，丛生，高不数尺，一岁之间，发者数四，贫民取以为利。

采茶　办茶须知制造之始，故次。

建溪茶比他郡最先，北苑壑源者尤早，岁多暖则先惊蛰十日即芽，岁多寒则后惊蛰五日始发。先芽者气味俱不佳，唯过惊蛰者最为第一。民间常以惊蛰为候，诸焙后北苑者半月，去远则益晚。凡采茶必以晨兴，不以日出，日出露晞，为阳所薄，则使芽之膏腴立耗于内，茶及受水而不鲜明，故常以早为最。凡断芽必以甲，不以指，以甲则速断不柔，以指则多温易损。择之必精，濯之必洁，蒸之必香，火之必良，一失其度，俱为茶病。民间常以春阴为采茶得时，日出而采则芽叶易损，建人谓之采摘不鲜，是也。

茶病　试茶辨味，必须知茶之病，故又次之。

芽择肥乳，则甘香，而粥面着盏而不散；土瘠而芽短，则云脚涣乱，去盏而易散。叶梗半则受水鲜白，叶梗短则色黄而泛。梗谓芽之身，除去白合处，茶民以茶之色味俱在梗中。乌蒂白合，茶之大病。不去乌蒂，则色黄黑而恶；不去白合，则味苦涩。丁谓之论备矣。蒸芽必熟，去膏必尽。蒸芽未熟，则草木气存；适口则知。去膏未尽，则色浊而味重。受烟则香夺，压黄则味失，此皆茶之病也。受烟谓过黄时，火中有烟，使茶香尽而烟臭不去也；压去膏之时，久留茶黄未造，使黄经宿，香味俱失，弇然气如假鸡卵，臭也。

四、《北苑别录》

（宋）赵汝砺

序言

建安之东三十里，有山曰凤凰。其下直北苑，旁联诸焙。厥土赤壤，厥茶惟上上。太平兴国中，初为御焙，岁模龙凤，以羞贡篚，盖表珍异。庆历中，漕台益重其事，品数日增，制度日精。厥今茶自北苑上者，独冠天下，非人间所可得也。方春虫震蛰，千夫雷动，一时之盛，诚为伟观。故建人谓"至建安而不诣北苑，与不至者同"。仆因摄事，遂得研究其始末。姑摭共大概，条为十余类目，曰《北苑别录》云。

御园

九窠十二陇	麦窠	壤园	龙游窠
小苦竹	苦竹里	鸡薮窠	苦竹
鼯鼠窠	教练陇	凤凰山	苦竹园
大小焊	横坑	猿游陇	张坑
带园	焙东	中历	东际
西际	官平	石碎窠	上下官坑
虎膝窠	楼陇	蕉窠	新园
大楼基	阮坑	曾坑	黄际
马鞍山	林园	和尚园	黄淡窠
吴彦山	罗汉山	水桑窠	铜场
师姑园	灵滋	苑马园	高畲
大窠头	小山		

右四十六所，广袤三十余里。自官平而上为内园，官坑而下为外园。方春灵芽莩坼，常先民焙十余日。如九窠十二陇、龙游窠、小苦竹、张坑、西际，又为禁园之先也。

开焙

惊蛰节万物始萌，每岁常以前三日开焙。遇闰则反之，以其气候少迟故也。

采茶

采茶之法，须是侵晨，不可见日。侵晨则夜露未晞，茶芽肥润。见日则为阳气所薄，使芽之膏腴内耗，至受水而不鲜明。故每日常以五更挝鼓，集群夫于凤凰门。山有打鼓亭。监采官人给一牌入山，至辰刻复鸣锣以聚之，恐其逾时贪多务得也。大抵采茶亦须习熟，募夫之际，必择土著及谙晓之人。非特识茶发早晚所在，而于采摘各知其指要。盖以指而不以甲，则多温而易损；以甲而不以指，则速断而不柔。从旧说也。故采夫欲其熟习，正为是耳。采夫日役二百二十五人。

拣茶

茶有小芽，有中芽，有紫芽，有白合，有乌蒂，此不可不辨。小芽者，其小如鹰爪，初造龙园胜雪、白茶，以其芽先次蒸熟，置之水盆中，剔取其精英，仅如针小，谓之水芽，是小芽中之最精者也。中芽，古谓之一枪一旗是也。紫芽，叶之紫者是也。白合，乃小芽有两叶抱而生者是也。乌蒂，茶之蒂头是也。凡茶以水芽为上，小芽次之，中芽又次之，紫芽、白合、乌蒂，皆所在不取。使其择焉而精，茶之色味无不佳。万一杂之以所不取，则首面不均，色浊而味重也。

蒸茶

茶芽再四洗涤，取令洁净。然后入甑，候汤沸蒸之。然蒸有过熟之患，有不熟之患。过熟则色黄而味淡，不熟则色青易沉，而有草木之气。唯在得中为当也。

榨茶

茶既熟，谓之茶黄。须淋洗数过，欲其冷也。方入小榨以去其水。又入大榨出其膏，水芽则以高榨压之，以其芽嫩故也。先是包以布帛，束以竹皮，然后入大榨压之，至中夜取出，揉匀，复如前入榨，谓之翻榨。彻晓奋击，必至于干净而后已。盖建茶味远而力厚，非江茶之比。江茶畏流其膏，建茶惟恐其膏之不尽，膏不尽，则色味重浊矣。

研茶

研茶之具，以柯为杵，以瓦为盆，分团酌水，亦皆有数。上而胜雪、白茶以十六水，下而拣芽之水六，小龙凤四，大龙凤二，其余皆十一二焉。自十二水而上，日研一团。自六水而下，日研三团至七团。每水研之，必至于水干茶熟而后已。水不干，则茶不熟，茶不熟，则首面不匀，煎试易沉。故研夫尤贵于强有手力者也。尝谓天下之理，未有不相须而成者，有北苑之芽，而后有龙井之水。其深不以丈尺，则清而且甘，昼夜酌之而不竭。凡茶自北苑上者皆资焉，亦独锦之于蜀江，胶之于阿井，讵不信然。

造茶

造茶旧分四局。匠者，起好胜之心，彼此相夸，不能无弊，遂并而为二焉。故茶堂有东局、西局之名，茶銙有东作、西作之号。凡茶之初出研盆，荡之欲其匀，揉之欲其腻。然后入圈制銙，随笪过黄。有方銙，有花銙，有大龙，有小龙。品色不同，其名亦异。故随纲系之于贡茶云。

过黄

茶之过黄，初入烈火焙之，次过沸汤爁之。凡如是者三，而后宿一火，至翌日，遂过烟焙焉。然烟焙之火不欲烈，烈则面炮而色黑。又不欲烟，烟则香尽而味焦。但取其温温而已。凡火之数多寡，皆视其銙之厚薄。銙之厚者有十火至于十五火。銙之薄者亦七火至于十火。火数既足，然后过汤上出色。出色之后，当置之密室，急以扇，扇之则色泽自然光莹矣。

纲次

细色第一纲

龙焙贡新。水芽，十二水，十宿火，正贡三十銙，创添二十銙。

细色第二纲

龙焙试新。水芽，十二水，十宿火，正贡一百銙，创添五十銙。

细色第三纲

龙团胜雪。水芽，十六水，十二宿火，正贡三十銙，续添二十銙，创添六十銙。

白茶。水芽，十六水，七宿火，正贡三十銙，续添五十銙，创添八十銙。

御苑玉芽。小芽，十二水，八宿火，正贡一百片。

万寿龙芽。小芽，十二水，八宿火，正贡一百片。

上林第一。小芽，十二水，十宿火，正贡一百銙。

乙夜清供。小芽，十二水，十宿火，正贡一百銙。

承平雅玩。小芽，十二水，十宿火，正贡一百銙。

龙凤英华。小芽，十二水，十宿火，正贡一百銙。

玉除清赏。小芽，十二水，十宿火，正贡一百銙。

启沃承恩。小芽，十二水，十宿火，正贡一百銙。

雪英。小芽，十二水，七宿火，正贡一百片。

云叶。小芽，十二水，七宿火，正贡一百片。

蜀葵。小芽，十二水，七宿火，正贡一百片。

金钱。小芽，十二水，七宿火，正贡一百片。

玉华。小芽，十二水，七宿火，正贡一百片。

寸金。小芽，十二水，九宿火，正贡一百片。

细色第四纲

龙团胜雪。已见前正贡一百五十銙。

无比寿芽。小芽，十二水，十五宿火，正贡五十銙，创添五十銙。

万春银芽。小芽，十二水，十宿火，正贡四十片，创添六十片。

宜年宝玉。小芽，十二水，十二宿火，正贡四十片，创添六十片。

玉清庆云。小芽，十二水，九宿火，正贡四十片，创添六十片。

无疆寿龙。小芽，十二水，十五宿火，正贡四十片，创添六十片。

玉叶长春。小芽，十二水，七宿火，正贡一百片。

瑞云翔龙。小芽，十二水，九宿火，正贡一百八片。

长寿玉圭。小芽，十二水，九宿火，正贡二百片。

兴国岩銙。中芽，十二水，十宿火，正贡二百七十銙。

香口焙銙。中芽，十二水，十宿火，正贡五百銙。

上品拣芽。小芽，十二水，十宿火，正贡一百片。

新收拣芽。中芽，十二水，十宿火，正贡六百片。

细色第五纲

太平嘉瑞。小芽，十二水，九宿火，正贡三百片。

龙苑报春。小芽，十二水，九宿火，正贡六十片，创添六十片。

南山应瑞。小芽，十二水，十五宿火，正贡六十片，创添六十片。

兴国岩拣芽。中芽，十二水，十五宿火，正贡五百十片。

兴国岩小龙。中芽，十二水，十五宿火，正贡七百五十片。

兴国岩小凤。中芽，十二水，十五宿火，正贡七百五十片。

先春二色

太平嘉瑞。已见前正贡三百片。

长寿玉圭。已见前正贡二百片。

续入额四色

御苑玉芽。已见前正贡一百片。

万寿龙芽。已见前正贡一百片。

无比寿芽。已见前正贡一百片。

瑞云翔龙。已见前正贡一百片。

粗色第一纲

正贡：不入脑子上品拣芽小龙，一千二百片，六水，十六宿火。入脑子小龙，七百片，四水，十五宿火。

增添：不入脑子上品拣芽小龙，一千二百片。入脑子小龙，七百片。

建宁府附发：小龙茶，八百四十片。

粗色第二纲

正贡：不入脑子上品拣芽小龙，六百四十片。入脑子小龙，六百七十二片。入脑子小凤，一千三百四十四片，四水，十五宿火。入脑子大龙，七百二十片，二水，十五宿火。入脑子大凤，七百二十片，二水，十五宿火。

增添：不入脑子上品拣芽小龙，一千二百片。入脑子小龙，七百片。

建宁府附发：大龙茶，四百片。大凤茶，四百片。

粗色第三纲

正贡：不入脑子上品拣芽小龙，六百四十片。入脑子小龙，六百七十二片。入脑子小凤，六百七十二片。入脑子大龙，一千八百片。入脑子大凤，一千八百片。

增添：不入脑子上品拣芽小龙，一千二百片。入脑子小龙，七百片。

建宁府附发。大龙茶八百片，大凤茶八百片。

粗色第四纲

正贡：不入脑子上品拣芽小龙，六百片。入脑子小龙，三百三十六片。入脑子小凤，三百三十六片。入脑子大龙，一千二百四十片。入脑子大凤，一千二百四十片。

建宁府附发：大龙茶四百片，大凤茶四百片。

粗色第五纲

正贡：入脑子大龙，一千三百六十八片。入脑子大凤，一千三百六十八片。京铤改造大龙，一千六百片。

建宁府附发：大龙茶，八百片。大凤茶，八百片。

粗色第六纲

正贡：入脑子大龙，一千三百六十片。入脑子大凤，一千三百六十片。京铤改造大龙，一千六百片。

建宁府附发：大龙茶，八百片。大凤茶，八百片。京铤改造大龙，一千二百片。

粗色第七纲

正贡：入脑子大龙，一千二百四十片。入脑子大凤，一千二百四十片。京铤改造大龙，二千三百五十二片。

建宁府附发：大龙茶，二百四十片。大凤茶，二百四十片。京铤改造大龙，四百八十片。

细色五纲

贡新为最上，后开焙十日入贡。龙团胜雪为最精，而建人有直四万钱之语。夫茶之入贡，圈以箬叶，内以黄斗，盛以花箱，护以重篚，扃以银钥。花箱内外，又有黄罗幕之。可谓什袭之珍矣。

粗色七纲

拣芽以四十饼为角，小龙凤以二十饼为角，大龙凤以八饼为角。圈以箬叶，束以红缕，包以红纸，缄以白绫。惟拣芽俱以黄焉。

开畬

草木至夏益盛，故欲导生长之气，以渗雨露之泽。每岁六月兴工，虚其本，培其土，滋蔓之草，遏郁之木，悉用除之，政所以导生长之气，而渗雨露之泽也。此谓之开畬。唯桐木得留焉。桐木之性与茶相宜，而又茶至冬畏寒，桐木望秋而先落，茶至夏而畏日，桐木至春而渐茂，理亦然也。

外焙

石门、乳吉、香口

右三焙常后北苑五七日兴工。每日采茶，蒸，榨，以过黄，悉送北苑并造。

舍人熊公，博古洽闻，尝于经史之暇，辑其先君所著《北苑贡茶录》，锓诸木以垂后。漕使侍讲王公，得其书而悦之，将命摹勒以广其传。汝砺白之公曰："是书纪贡事之源委，与制作之更沿，固要且备矣。惟水数有赢缩、火候有淹亟、纲次有后先、品色有多寡，亦不可以或阙。"公曰：

"然。"遂摭书肆所刊修贡录，曰几水、曰火几宿、曰某纲、曰某品若干云者条列之。又以其所采择制造诸说，并丽于编末，目曰《北苑别录》。俾开卷之顷，尽知其祥，亦不为无补。

淳熙丙午夏望日，门生从政部郎福建路转运司主管帐司赵汝砺敬书。

《宋史·蔡襄传》

蔡襄，字君谟，兴化仙游人。举进士，为西京留守推官、馆阁校勘。范仲淹以言事去国，余靖论救之，尹洙请与同贬，欧阳修移书责司谏高若讷，由是三人者皆坐谴。襄作《四贤一不肖诗》，都人士争相传写，鬻书者市之，得厚利。契丹使适至，买以归，张于幽州馆。

庆历三年，仁宗更用辅相，亲擢靖、修及王素为谏官，襄又以诗贺，三人列荐之，帝亦命襄知谏院。襄喜言路开，而虑正人难久立也，乃上疏曰："朝廷增用谏臣，修、靖、素一日并命，朝野相庆。然任谏非难，听谏为难；听谏非难，用谏为难。三人忠诚刚正，必能尽言。臣恐邪人不利，必造为御之之说。其御之之说不过有三，臣请为陛下辨之。一曰好名。夫忠臣引君当道，论事唯恐不至，若避好名之嫌无所陈，则土木之人，皆可为矣。二曰好进。前世谏者之难，激于忠愤，遭世昏乱，死犹不辞，何好进之有？近世奖拔太速，但久而勿迁，虽死是官，犹无悔也。三曰彰君过。谏争之臣，盖以司过举耳，人主听而行之，足以致从谏之誉，何过之能彰。至于巧者亦然，事难言则喑而不言，择其无所忤者，时一发焉，犹或不行，则退而曰吾尝论某事矣，此之谓好名。默默容容，无所愧耻，蹑资累级，以挹显仕，此之谓好进。君有过失，不救之于未然，传之天下后世，其事愈不可掩，此之谓彰君过。愿陛下察之，毋使有好谏之名而无其实。"

时有旱蝗、日食、地震之变，襄以为："灾害之来，皆由人事。数年以来，天戒屡至。原其所以致之，由君臣上下皆阙失也。不颛听断，不揽威权，使号令不信于人，恩泽不及于下，此陛下之失也。持天下之柄，司生民之命，无嘉谋异画以矫时弊，不尽忠竭节以副任使，此大臣之失也。朝有弊政而不能正，民有疾苦而不能去，陛下宽仁少断而不能规，大臣循默避事而不能斥，此臣等之罪也。陛下既有引过之言，达于天地神祇矣，愿思其实以应之。"疏出，闻者皆悚然。

进直史馆，兼修起居注，襄益任职论事，无所回挠。开宝浮图灾，下有旧瘗佛舍利，诏取以入，宫人多灼臂落发者。方议复营之，襄谏曰："非理之福，不可徼幸。今生民困苦，四夷骄慢，陛下当修人事，奈何专信佛法？或以舍利有光，推为神异，彼其所居尚不能护，何有于威灵？天之降灾，以示儆戒，顾大兴工役，是将以人力排天意也。"

吕夷简平章国事，宰相以下就其第议政事，襄奏请罢之。元昊纳款，始自称"兀卒"，既又译为"吾祖"。襄言："'吾祖'犹云'我翁'，慢侮甚矣。使朝廷赐之诏，而亦曰'吾祖'，是何等语邪？"

夏竦罢枢密使，韩琦、范仲淹在位，襄言："陛下罢竦而用琦、仲淹，士大夫贺于朝，庶民歌于路，至饮酒叫号以为欢。且退一邪，进一贤，岂遂能关天下轻重哉？盖一邪退则其类退，一贤进则其类进。众邪并退，众贤并进，海内有不泰乎！虽然，臣切忧之。天下之势，譬犹病者，陛下既得良医矣，信任不疑，非徒愈病，而又寿民。医虽良术，不得尽用，则病且日深，虽有和、扁，难责效矣。”

保州卒作乱，推懦兵十余辈为首恶，杀之以求招抚。襄曰：“天下兵百万，苟无诛杀决行之令，必开骄慢暴乱之源。今州兵戕官吏、闭城门，不能讨，从而招之，岂不为四方笑。乞将兵入城，尽诛之。”诏从其议。

以母老，求知福州，改福建路转运使，开古五塘溉民田，奏减五代时丁口税之半。复修起居注。唐介击宰相，触盛怒，襄趋进曰：“介诚狂愚，然出于进忠，必望全贷。”既贬春州，又上疏以为此必死之谪，得改英州。温成后追册，请勿立忌，而罢监护园陵官。

进知制诰，三御史论梁适解职，襄不草制。后每除授非当职，辄封还之。帝遇之益厚，赐其母冠帔以示宠，又亲书“君谟”两字，遣使持诏予之。迁龙图阁直学士、知开封府。襄精吏事，谈笑剖决，破奸发隐，吏不能欺。以枢密直学士再知福州。郡士周希孟、陈烈、陈襄、郑穆以行义著，襄备礼招延，诲诸生以经学。俗重凶仪，亲亡或秘不举，至破产饭僧，下令禁止之。徙知泉州，距州二十里万安渡，绝海而济，往来畏其险。襄立石为梁，其长三百六十丈，种蛎于础以为固，至今赖焉。又植松七百里以庇道路，闽人刻碑纪德。

召为翰林学士、三司使，较天下盈虚出入，量力以制用。划剔蠹敝，簿书纪纲，纤悉皆可法。

英宗不豫，皇太后听政，为辅臣言：“先帝既立皇子，宦妾更加荧惑，而近臣知名者亦然，几败大事，近已焚其章矣。”已而外人遂云襄有论议，帝闻而疑之。会襄数谒告，因命择人代襄。襄乞为杭州，拜端明殿学士以往。治平三年，丁母忧。明年卒，年五十六。赠吏部侍郎。

襄工于书，为当时第一，仁宗尤爱之，制《元舅陇西王碑》文命书之。及令书《温成后父碑》，则曰：“此待诏职耳。”不奉诏。于朋友尚信义，闻其丧，则不御酒肉，为位而哭。尝饮会灵东园，坐客误射矢伤人，遽指襄。他日帝问之，再拜愧谢，终不自辨。

蔡京与同郡而晚出，欲附名阀，自谓为族弟。政和初，襄孙佃廷试唱名，居举首，京侍殿上，以族孙引嫌，降为第二，佃终身恨之。乾道中，赐襄谥曰忠惠。

（《宋史》卷三百二十·列传第七十九）

参考文献

[1] 陈祖椝，朱自振．中国茶叶历史资料选辑 [M]. 北京：农业出版社，1981.

[2] 朱重圣．北宋茶之生产与经营 [M]. 台北：台湾学生书局，1985.

[3]（元）脱脱．宋史 [M]. 北京：中华书局，1985.

[4] 武夷山市志编纂委员会．武夷山市志 [M]. 北京：中国统计出版社，1994.

[5] 朱自振．茶史初探 [M]. 北京：中国农业出版社，1996.

[6]（宋）蔡襄．蔡襄集 [M]. 吴以宁点校．上海：上海古籍出版社，1996.

[7] 莆田市蔡襄学术研究会．蔡襄研究文选 [M]. 福州：海风出版社，1998.

[8]（宋）蔡襄．蔡襄全集 [M]. 福州：福建人民出版社，1999.

[9] 蒋维锬．蔡襄年谱 [M]. 厦门：厦门大学出版社，2000.

[10] 关剑平．茶与中国文化 [M]. 北京：人民出版社，2001.

[11] 王思明，陈少华．万国鼎文集 [M]. 北京：中国农业科学技术出版社，2005.

[12] 萧天喜．武夷茶经 [M]. 北京：科学出版社，2008.

[13] 关剑平．文化传播视野下的茶文化研究 [M]. 北京：中国农业出版社，2009.

[14] （宋）审安老人．茶具图赞（外三种）[M]．杭州：浙江人民美术出版社，2013.
[15] 郑培凯，朱自振．中国历代茶书汇编校注本 [M]．香港：商务印书馆有限公司，2014.
[16] 陈宗懋．中国茶叶大辞典 [M]．北京：中国轻工业出版社，2011.
[17] 裘纪平．中国茶画 [M]．杭州：浙江摄影出版社，2014.
[18] 孙机．中国古代物质文化 [M]．北京：中华书局，2014.
[19] 廖宝秀．芳茗远播：亚洲茶文化 [M]．台北：故宫博物院，2015.
[20] 方健．中国茶书全集校证 [M]．郑州：中州古籍出版社，2015.
[21] 扬之水．两宋茶事 [M]．香港：香港中和出版有限公司，2015.
[22] 刘勤晋．茶文化学 [M]．3 版．北京：中国农业出版社，2015.
[23] （宋）蔡襄．茶录（外十种）[M]．唐晓云整理校点．上海：上海书店出版社，2015.
[24] 中华书局编辑部．蔡襄自书诗卷 [M]．北京：中华书局，2015.
[25] 钱时霖，姚国坤，高菊儿．历代茶诗集成：宋金卷 [M]．上海：上海文化出版社，2016.
[26] 刘勤晋，李远华，叶国盛．茶经导读 [M]．北京：中国农业出版社，2016.

[27] 福建省图书馆. 闽茶文献丛刊 [M]. 北京：国家图书馆出版社，2016.
[28] 三名碑帖编委会. 蔡襄茶录 [M]. 北京：中华书局，2017.
[29]（唐）陆羽. 茶经译注（外三种）[M]. 宋一明，译注. 上海：上海古籍出版社，2017.
[30] 赖少波. 建瓯茶志 [M]. 福州：福建科学技术出版社，2017.
[31] 许裕长. 历代名家书法珍品・蔡襄 [M]. 郑州：中州古籍出版社，2018.
[32]（唐）陆羽. 茶典：《四库全书》茶书八种 [M]. 北京：商务印书馆，2018.
[33] 刘勤晋. 溪谷留香：武夷岩茶香从何来 [M]. 北京：中国农业出版社，2018.
[34] 廖宝秀. 历代茶器与茶事 [M]. 北京：故宫出版社，2018.
[35] 沈冬梅. 茶与宋代社会生活（修订本）[M]. 北京：中国社会科学出版社，2018.
[36] 冈仓天心. 茶之书 [M]. 吕林芝，译. 成都：四川文艺出版社，2019.
[37] 杨江帆. 武夷茶大典 [M]. 福州：福建人民出版社，2018.
[38] 方芳，曾金良. 莆田市茶志 [M]. 莆田：莆田市人民政府，2020.